Thieme

Leitfaden Sonografie für Anästhesisten

Fotios Kefalianakis

335 Abbildungen

Georg Thieme Verlag
Stuttgart · New York

Dr. med. Fotios Kefalianakis
Klinik für Anästhesiologie, Intensivmedizin und Schmerztherapie
Klinikum Ludwigsburg
Posilipostraße 4
71640 Ludwigsburg

Bibliographische Information –
Der Deutschen Bibliothek

Die Deutsche Bibliothek verzeichnet diese Publikation in der Deutschen Nationalbibliographie; detaillierte bibliographische Daten sind im Internet über **http://dnb.ddb.de** abrufbar

Wichtiger Hinweis: Wie jede Wissenschaft ist die Medizin ständigen Entwicklungen unterworfen. Forschung und klinische Erfahrung erweitern unsere Erkenntnisse, insbesondere was Behandlung und medikamentöse Therapie anbelangt. Soweit in diesem Werk eine Dosierung oder eine Applikation erwähnt wird, darf der Leser zwar darauf vertrauen, dass Autoren, Herausgeber und Verlag große Sorgfalt darauf verwandt haben, dass diese Angabe **dem Wissensstand bei Fertigstellung des Werkes** entspricht.
Für Angaben über Dosierungsanweisungen und Applikationsformen kann vom Verlag jedoch keine Gewähr übernommen werden. **Jeder Benutzer ist angehalten,** durch sorgfältige Prüfung der Beipackzettel der verwendeten Präparate und gegebenenfalls nach Konsultation eines Spezialisten festzustellen, ob die dort gegebene Empfehlung für Dosierungen oder die Beachtung von Kontraindikationen gegenüber der Angabe in diesem Buch abweicht. Eine solche Prüfung ist besonders wichtig bei selten verwendeten Präparaten oder solchen, die neu auf den Markt gebracht worden sind. **Jede Dosierung oder Applikation erfolgt auf eigene Gefahr des Benutzers.** Autoren und Verlag appellieren an jeden Benutzer, ihm etwa auffallende Ungenauigkeiten dem Verlag mitzuteilen.

Rüdigerstraße 14
D- 70469 Stuttgart
Telefon: + 49/ 0711/ 8931-0
Unsere Homepage: **http://www.thieme.de**

Printed in Germany

Zeichnungen: Helmut Holtermann, Dannenberg
Umschlaggestaltung: Thieme Verlagsgruppe
Satz: OADF, Holzgerlingen
Druck: Offsetdruckerei Grammlich GmbH, Pliezhausen

ISBN 3-13-142161-4 1 2 3 4 5 6
ISBN 978-3-13-142161-6

Vorwort

Der Ultraschall beginnt immer mehr Anästhesisten und Intensivmediziner zu begeistern und zu fesseln. Die erstmalige Möglichkeit der visuellen Darstellung vieler anästhesiologisch-spezifischer Prozesse und Vorgehensweisen haben in vielen Kliniken und Zentren zu einem Umdenken in der Durchführung vieler Prozesse geführt. Im Gegensatz jedoch zu vielen anderen Disziplinen in der Medizin, in denen der Ultraschall schon seit Jahrzehnten angewandt wird und fest etabliert ist, kann vergleichsweise dazu in der Anästhesiologie und in der operativen Intensivmedizin noch auf keinen all zu großen Erfahrungsschatz zurückgegriffen werden. Viele ultraschallgestützte Vorgänge in der Anästhesiologie sind erst vor wenigen Jahren beschrieben worden, sodass dem zu Folge oftmals nur wenige Kliniken einen sicheren Umgang mit dem Ultraschall in der Anästhesiologie und Intensivmedizin vorweisen können. Deshalb wird ein Großteil der Anästhesisinnen und Anästhesisten – mangels Erfahrung – bei dem Thema „Ultraschall in der Anästhesiologie" zunächst einmal sich mit den Grundlagen des Ultraschalls auseinander setzen müssen.

Betrachtet man die Anzahl der in der internationalen anästhesiologischen Fachliteratur publizierten Arbeiten, die sich mit dem Thema des Ultraschalls befassen, so fällt in den letzten Jahren ein deutlicher Zuwachs an Veröffentlichungen auf. Dies allein schon vermag einen Hinweis geben, wie groß das Interesse ist, aber auch wie viele neue Fragen im Laufe der zunehmenden Anwendung des Ultraschalls in der Anästhesiologie sich manifestiert haben. So wird zunehmend der Ruf laut hinsichtlich standardisierter Vorgaben bzw. Empfehlungen für die Anwendung des Ultraschalls in der Anästhesiologie und Intensivmedizin. Ebenso werden immer mehr Ausbildungsprogramme benötigt, die theoretische Kenntnisse und eine gewisse Grundfertigkeit in der Anwendung des Ultraschalls zur Diagnostik und zu den verschiedenen invasiven Techniken im Rahmen von Workshops vermitteln sollen. Gerade in anästhesiologischen Abteilungen, in denen der Ultraschall fest etabliert werden soll für vorab definierte Einsatzgebiete und Abläufe, sind solche „Primärinvestitionen" zunächst einmal wichtig, um die Effektivität so hoch wie möglich zu halten, aber auch um methodenspezifische Fehler so weit wie möglich zu unterbinden.

Die nun vorliegende Zusammenstellung kann als ein Baustein von vielen betrachtet werden, mit dem eine definierte Etablierung des Ultraschalls in eine anästhesiologische Abteilung bzw. Klinik vollführt werden kann. Weitere integrale Bestandteile einer erfolgreichen und sinnvollen Ausbildung sind jedoch auch Workshops und Hospitationen, in denen die verschiedenen Vorgehensweisen demonstriert, erörtert und auch eintrainiert werden können. Darüber hinaus ist es auch das Bestreben des Autors, für den Fortgeschrittenen eine Hilfestellung bei immer wieder auftretenden Problemen und Fragestellungen zu geben. Es ist der Wunsch und die Hoffnung des Autors, sowohl dem Anfänger, als auch dem Erfahrenen auf dem Sektor „Ultraschall in der Anästhesiologie“ hilfreiche und unterstützende Impulse zu vermitteln. Der Grundgedanke beim Aufbau des vorliegenden Buches war es, einen kommentierten Taschenatlas zu entwickeln, welcher sowohl begleitend zur klinischen Tätigkeit genutzt werden kann, als auch zum Naschlagen und zum Rekapitulieren. Aufgrund der mittlerweile kaum überschaubaren Vielfalt an Literatur, wurden die jeweiligen Literaturhinweise lediglich auf eine bestimmte Auswahl beschränkt, welche für den weiter interessierten Leser sicherlich dienlich sein könnten.

Das Zustandekommen eines solchen Werkes wäre ohne das kontinuierlich hohe Engagement und das Interesse der gesamten Klinik für Anästhesiologie, Intensivmedizin und Schmerztherapie des Klinikums Ludwigsburg nicht möglich gewesen. Mein Dank gilt daher Herrn Prof. G. Geldner für seine tatkräftige Unterstützung und für sein uns entgegengebrachtes Vertrauen bei der Etablierung und Weiterentwicklung des Ultraschalls in der Klinik für Anästhesiologie, Intensivmedizin und Schmerztherapie des Klinikums Ludwigsburg. Ebenso bedanke ich mich bei Herrn Dr. R. van der Auwéra und Herrn Dr. W. Schreiber – stellvertretend für alle ärztliche Mitarbeiterinnen und Mitarbeiter – und Frau C. Rothermel und Frau C. Fuchs und Herrn T. Tesfai, M. Schneider und Herrn R. Vyzina – ebenso stellvertretend für alle Kolleginnen und Kollegen aus der anästhesiologischen und intensivmedizinischen Fachpflege –, welche durch die vielen Diskussionen, Anregungen und Hilfestellungen im klinischen Alltag einen wichtigen Beitrag zur Entwicklung des Ultraschalls in unserer Klinik und somit auch am Zustandekommen und an der Realisierung des vorliegenden Buches maßgeblich beigetragen haben.

Ludwigsburg 2005 *Fotios Kefalianakis*

Geleitwort

Ähnlich rasant wie die Entwicklung der Medientechnik und Rechnerleistung entwickelten sich Bildgebende Verfahren in der Medizin. So gehört der Einsatz von Ultraschallverfahren nun seit wenigen Jahrzehnten zum festen Repertoire in der medizinischen Diagnostik und hat sich erst zögerlich, nun aber zunehmend auch in der Anästhesiologie und deren Teilbereichen der Intensiv- und Notfallmedizin etabliert. Ultraschallverfahren faszinieren vor allem durch ihr umfangreiches Informationspotenzial, das sich u.a. in der hochwertigen Bildgebung widerspiegelt. Die zahlreichen diagnostischen Anwendungen des Ultraschalls umfassen transkutane oder von extern aufgesetzte sowie endoskopische und sogar intravaskuläre Techniken. In vieler Hinsicht sind Ultraschallverfahren ein ideales Werkzeug in der Hand des Mediziners – sie sind mit wenigen Ausnahmen nicht invasiv, sie sind sicher und sie eignen sich wegen der Stabilität und Mobilität der Systeme zum schnellen Einsatz in nahezu allen Bereichen der Patientenversorgung.

Die Vorteile der seit etwa 1970 etablierten und klinisch eingesetzten Ultraschallverfahren für die Anästhesiologie liegen in den besonderen Eigenschaften des Ultraschalls. Das theoretische Risiko einer Gewebeverletzung durch Ultraschall ist bei den klinischen Anwendungen der in der Anästhesiologie genutzten Doppler-, M-Mode- und 2D-Verfahren in der Regel vernachlässigbar. Zudem sind die meisten der Verfahren allenfalls minimal invasiv, verhältnismäßig einfach zu handhaben und spätestens seit der Einführung relativ kleiner und handlicher Ultraschallsysteme im Sinne eines „mobilen Ultraschalls (Handhelds)“ auch flexibel und kurzzeitig nacheinander bei verschiedenen Patienten einzusetzen. Gerade durch die Reduzierung der Abmessung der Geräte wurden diese geeignet für den Einsatz im OP und im Notarztdienst.

So etabliert sich die Sonographie für nahezu alle klinisch üblichen Regionalanästhesieverfahren zur Visualisierung von Nerven und deren Begleitstrukturen. Sie wird erfolgreich für die rückenmarknahe Regionalanästhesie bei Kindern und für die peripheren Nervenblockaden in allen Altersstufen genutzt. Dabei kann mit den modernen hochauflösenden (hochfrequenten) Schallköpfen die Lage und der Verlauf der Nerven in der Regel eindeutig verifiziert werden. Die Lage der Punktionskanüle in Relation zu potenziell gefährdeten Strukturen (Gefäße, Pleura, Nerven) ist meist zu erkennen. Hier sind allerdings noch Entwicklungsarbeiten zu leisten, um Punktionskanülen und Katheter besser „sichtbar“ in der Sonographie zu machen. Allerdings kann die korrekte Ausbreitung des Lokalanästhetikums sicher verfolgt werden. Die erforderliche Dosis des Lokalanästhetikums kann somit deutlich reduziert werden. Insbesondere können tiefere Punktionen in sensiblen Regionen (wie z.B. den Halsweichteilen) mit Ultraschallkontrolle risikoloser durchgeführt werden. Auch Abseits der Regionalanästhesie hat die Sonographie in der Medizin ihren Siegeszug angetreten. Die

transösophageale Echokardiographie (TEE) ist in der Kardio- und Neuroanästhesie weitgehend unverzichtbar geworden. Künftig werden sicher vermehrt Regionalanästhesien und zentrale Venenpunktionen und zumindest bei Kindern wohl auch arterielle Punktionen etc. unter Ultraschallkontrolle durchgeführt. Auch in anderen Bereichen unseres Fachgebietes, wie der Intensivmedizin (TEE, Ultraschall von Pleura, Abdomen, Niere etc.), ist die Methode fest etabliert. Mit zunehmend kleineren und transportablen Geräten wird die Sonographie in der Notfallmedizin, sowie auch in der Schmerztherapie (analog zur Regionalanästhesie) aus unserem klinischen Alltag künftig nicht mehr wegzudenken sein. Hierfür ist sicherlich nicht nur neues Gerät, sondern vor allem Training und Ausbildung nötig. Dies ist eine neue Herausforderung. Wir Anästhesisten müssen aber ähnlich wie die Chirurgen bei den endoskopischen Techniken bereit und offen bleiben, neue Methoden zu lernen. Hier gilt es aber gleichzeitig zu vermeiden, den breiten klinischen Einsatz der Regionalanästhesie durch Forderung nach neuem Spezialistentum zu behindern. Glücklicherweise ist die Sonographie für Nervenblockaden eine Technik, die vergleichsweise einfach zu erlernen ist. Das vorliegende Werk ist ein Schritt unsere Kenntnisse auf diesem Gebiet zu erweitern.
Herr Kefalianakis ist sicher einer der Pioniere und Promotoren der Sonographie in der Anästhesie. Er hat auch ein Konzept zur Fort- und Weiterbildung von Anästhesisten in der Sonographie entwickelt, dessen konsequente Fortsetzung das vorliegende Werk ist. So ist dieses Buch eine gute Möglichkeit die Grundlagen zu erlernen und auch ein ideales Nachschlagewerk für Problemfelder. Natürlich sollte diese Wissensvermittlung flankiert werden von praktischen Übung, Workshops und eine Begleitung des Lernvorgangs durch einen Tutor.
So wird die Sonographie wohl in Zukunft zu einem Bestandteil in der Fort- und Weiterbildung auch der Anästhesisten werden und dazu kann auch dieses Werk beitragen.

Ludwigsburg 2005 *Götz Geldner*

Inhalt

1 Einführung

Sieht man von der Echokardiografie ab, so erscheint der Einsatz von Ultraschall in der anästhesiologischen Praxis ungewohnt. Um die Sonografie auf dem Gebiet der Anästhesiologie und Intensivmedizin erfolgreich zu etablieren, müssen mehrere Etappen zurückgelegt werden, die es gilt einzeln kennen zu lernen, einzuüben und regelmäßig zu praktizieren.

Der erste Schritt beinhaltet die sonografische Darstellung der verschiedenen anatomischen Strukturen. In diesem Punkt unterscheidet sich die Anästhesiologie-spezifische Sonografie nicht wesentlich von vielen anderen Disziplinen, die den Ultraschall regelmäßig für diagnostische Zwecke nutzen. Darauf aufbauend folgt die ultraschallgestützte Punktion bestimmter anatomischer Strukturen. Auch in diesem zweiten Schritt kann auf Erfahrungswerte aus anderen Fachdisziplinen zurückgegriffen werden, die sich zum Teil für anästhesiologische Zwecke übernehmen lassen. Als dritte Etappe schließt sich die ultraschallgesteuerte Applikation von Medikamenten an vorab definierten Stellen an. Dafür sind die beiden erst genannten Schritte – korrekte sonografische Darstellung der jeweiligen Zielstrukturen und korrekte Punktionsführung – unerlässlich. Hier sind aus der Fachliteratur anderer Disziplinen nur wenige Hilfestellungen bekannt, die übernommen werden können.

Alle drei Teilprozesse werden bei ultraschallgeführten Anwendungen in der Anästhesiologie und Intensivmedizin regelmäßig erforderlich und kombiniert angewendet, ganz im Gegensatz zu vielen anderen medizinischen Fächern (Abb. 1.**1**). Es ist aus diesem Grunde nachvollziehbar, dass diese drei Prozesse im Rahmen der Ausbildung in der genannten Reihenfolge erlernt und eingeübt werden sollten. Dies hat sich im klinischen Alltag bewährt und wird im Rahmen von Workshops ebenfalls praktiziert.

Da eine sichere Anwendung des Ultraschalls in der Anästhesiologie und Intensivmedizin nur bei ausreichender Kenntnis der physikalischen Grundlagen der sonografischen Bildgebung möglich ist, sollen hier zunächst die wichtigsten Begriffe und Zusammenhänge erläutert werden.

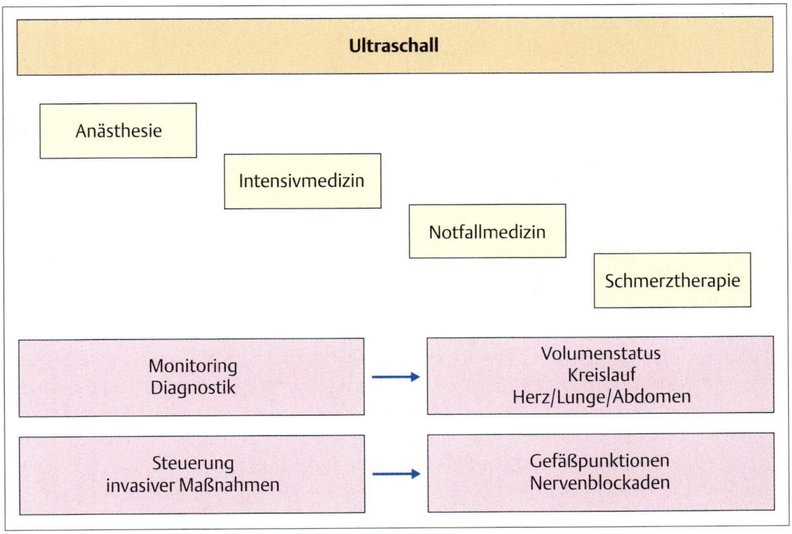

Abb. 1.**1** Spektrum des Ultraschalls in Anästhesiologie und Intensivmedizin.

Einführung

1.1 Physikalische und technische Grundlagen

In der freien Natur ist die Anwendung des Ultraschalls weit verbreitet und dient unterschiedlichen Zwecken (Abb. 1.**2** u. 1.**3**). Der Ultraschall in der klinischen Anwendung ist als bildliche Darstellung von Schallwellen und deren Verhalten im Gewebe zu verstehen. Aus diesem Grunde ist die Entwicklung der Sonografie eng verknüpft mit der Physik des Schalls und deren historischen Entwicklung. Eine wichtige Rolle spielen hierbei auch die piezoelektrischen Eigenschaften bestimmter Kristalle, die für die Schallerzeugung während der Untersuchung und die Bildgenerierung maßgeblich sind.

Die Geschichte der Sonografie ist daher nicht nur mit den Namen von Medizinern (z.B. *Karl Theodore Dussik*, dem „father of ultrasonic diagnosis"), sondern auch mit denen bekannter Physiker und Chemiker verbunden, wie *John William Strutt* (Lord Rayleigh), *Christian Doppler*, *Pierre Curie*, *George Ludwig*, *John Wild* u. v. m. Die Entwicklung des Ultraschalls ist immer noch eng mit dem technischen Fortschritt verknüpft, der eine Vielzahl von Einsatzmöglichkeiten vorbereitet hat und eine nahezu ubiquitäre Anwendung in der Medizin erlaubt. Die technische Entwicklung der Sonografie verläuft auf mehreren Ebenen, sei es in der Datenverarbeitung (tissue harmonic imaging) der empfangenen Signale, im Bereich der Signalgenerierung, aber auch im Rahmen der Kombination von Bildern zu Panorama, 3-D- und 4-D-Bildgebung, oder der Spezialverfahren der ultraschallspezifischen Kontrastmittelbildgebung.

Abb. 1.**3** Honigbienen (Apis mellifera) erzeugen durch Vibrationen des gesamten Körpers eine Vielzahl an Schallsignalen (20Hz bis 300 Hz) zur modulierenden Kommunikation und Organisation innerhalb einer Population. Die Weiterleitung dieser Vibrationssignale erfolgt nur über intakte, korrekt angeordnete und aufgebaute Bienenwaben. Die Aufnahme und Registrierung der Vibrationssignale erfolgt von den „Empfängerbienen" über Schwingungsrezeptoren an den Beinen. Unterschiedliche Alterstufen und unterschiedliche Genotypen ziehen eine verschiedenartige Interpretation der Vibrationssignale nach sich mit demzufolge unterschiedlichster Aktivität, was insbesondere bei komplexen Vorgängen mit mehreren Arbeitsschritten ausgenutzt wird. ▶

Abb. 1.**2** Delphine verwenden zur Orientierung eine Abfolge von kurzen Klicklauten mit Frequenzen bis zu 130 kHz. Diese Signale werden mit einer Klappe erzeugt, welche durch Luftströmungen in Schwingung gebracht wird. Beim Empfang werden die Echos vom Unterkiefer aufgefangen und über Knochenleitung zum Ohr weitergeleitet. Durch die Verarbeitung der reflektierten Signale erhält der Delfin nicht nur eine Information über Lage, Geschwindigkeit und Größe eines „Zielobjektes", sondern teilweise auch über dessen „Binnenstrukturen", analog einer Sonografie in der Medizin.

Generieren, Empfangen und Wiedergabe von Ultraschallwellen

Ultraschallwellen für rein anästhesiologische Zwecke liegen in der Regel in einem Bereich von 7,5 bis 15 MHz. Die Eindringtiefe ist aufgrund der physikalischen Eigenschaften der Schallwellen auf ca. 7 cm begrenzt. In der Abdomen-Sonografie und in der Echokardiografie dominieren Ultraschallwellen mit niedrigeren Frequenzen zwischen 2,5 und 7,5 MHz.

Die Beschallung des Gewebes erfolgt mit Hilfe von **piezoelektrischen Elementen**, die durch elektronische Stimulation die gewünschten Ultraschallwellen generieren (Abb. 1.**4 a, b**). Die reflektierten Wellen werden ebenfalls von den piezoelektrischen Elementen erfasst und zur weiteren Transformation und Verarbeitung weitergeleitet. Sender und Empfänger entsprechen somit der gleichen technischen Einheit. Erwähnenswert ist, dass nur ein Bruchteil der ausgesandten Wellen tatsächlich auch wieder empfangen wird.

Je nach Anordnung der piezoelektrischen Elemente im Schallkopf lassen sich unterschiedliche Schallwellen erzeugen, die je nach Fragestellung und Untersuchungsort spezielle Vorteile bieten. Es werden Linearschallköpfe, Konvexschallköpfe und Sektorschallköpfe unterschieden (Abb. 1.**5 a–c**):

- Die parallele Anordnung der piezoelektrischen Elemente im **Linearschallkopf** und die Verwendung hochfrequenter Schallwellen bedingen eine gute Auflösung. Der Einsatz hochfrequenter Schallwellen geht jedoch auf Kosten der Eindringtiefe.
- Im **Konvexschallkopf** sind die piezoelektrischen Elemente ebenfalls nebeneinander angeordnet, wobei der Schallkopf eine gewisse Krümmung aufweist. Die Folge ist, dass die entsprechenden Abbildungen ebenfalls fächerförmig konfiguriert sind.
- Der **Sektorschallkopf** verteilt kontinuierlich – sei es mechanisch oder elektronisch – die Schallwellenfront fächerförmig in das Gewebe. Durch die geringe Ankopplungsfläche können auch an schmalen Schallfenstern gute Ultraschall-Untersuchungen erzielt werden.

Das Verhalten der Ultraschallwellen im Gewebe ist maßgeblich verantwortlich für die Bildqualität. Es wird einerseits beeinflusst durch gewebespezifische Eigenschaften wie Dichte, Wassergehalt etc., die vom Untersucher nicht wesentlich verändert werden können. Andere Einflüsse, wie etwa gewählter Schallwinkel bzw. Form des Anschnitts der entsprechenden anatomischen Struktur oder Druck des Schallkopfes auf das Gewebe, können vom Untersucher so geändert werden, dass sich die Bildqualität entscheidend verbessert.

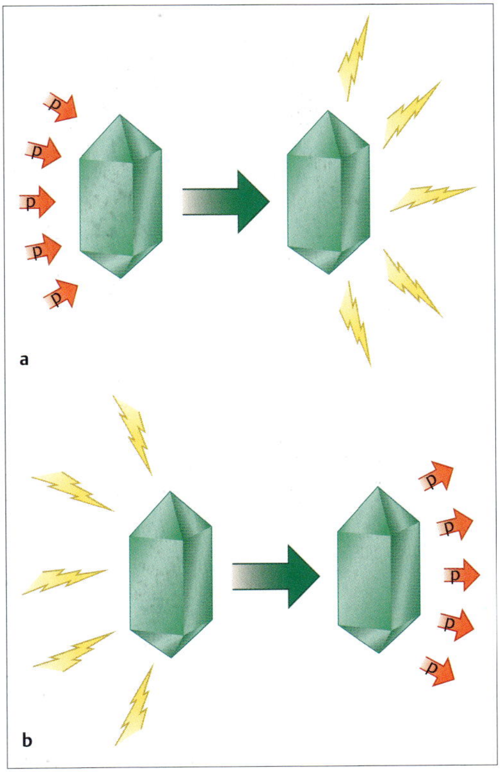

Abb. 1.**4 a** u. **b** Physikalische Grundlagen für das Empfangen und Aussenden von Ultraschallwellen:

a Piezoelektrischer Effekt: Ein Druck auf bestimmte Kristalle mit genau definierter Anordnung kann eine elektrische Spannung induzieren. Voraussetzung für Piezoelektrizität ist das Vorhandensein von polaren Achsen, die bei 20 der insgesamt 32 Kristallklassen vorhanden sind.

b Umgekehrter piezoelektrischer Effekt: Die elektrische Stimulation der Kristalle transformiert elektrische Energie in mechanische Energie und führt zur Erzeugung von Wellen.

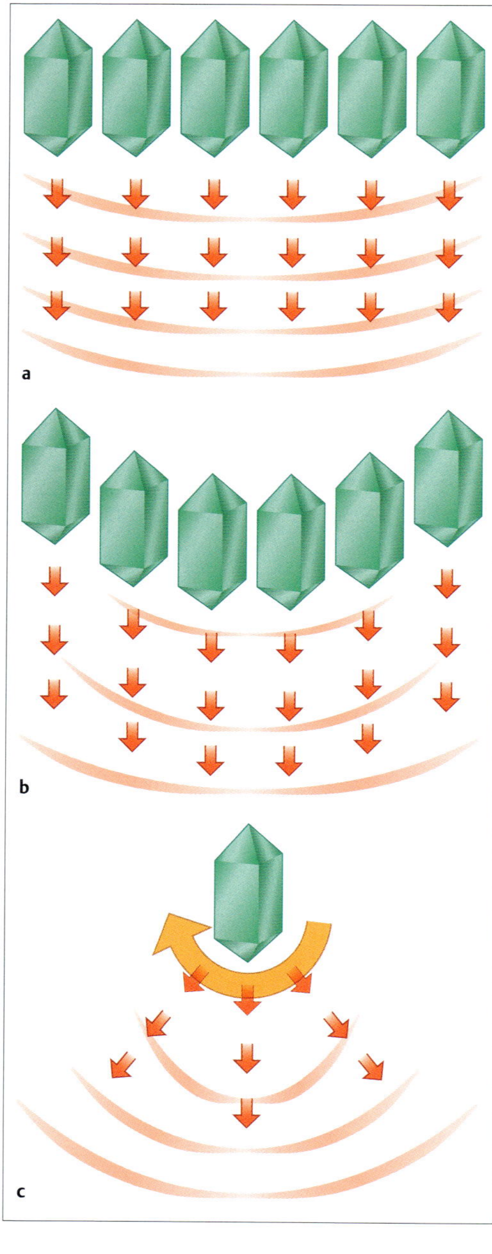

Abb. 1.**5 a–c** Verschiedene Schallköpfe:

a Linearschallkopf: Parallel aufgereihte piezoelektrische Elemente induzieren Wellen, die nahezu geradlinig weitergeleitet werden.

b Konvexschallkopf: Konvex angeordnete piezoelektrische Elemente induzieren Wellen, die sich fächerförmig ausbreiten.

c Sektorschallkopf: Eine solitäre piezoelektrische Quelle tastet durch Rotation – sei es mechanisch oder elektronisch hervorgerufen – über einen bestimmten Winkel die Umgebung ab.

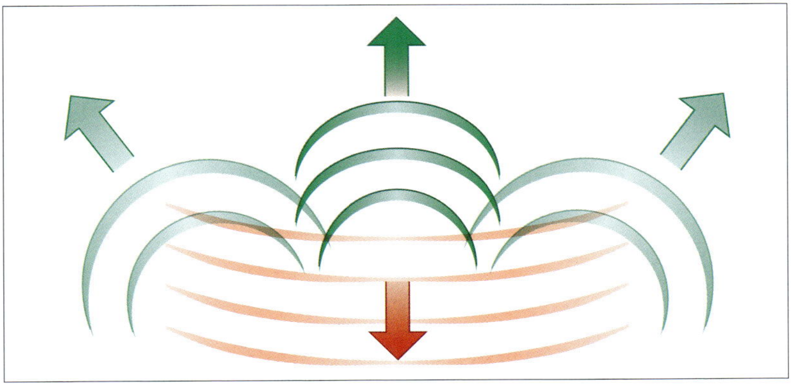

Abb. 1.**6** Die ausgesandten Ultraschallwellen unterliegen verschiedenen Einflüssen, die durch die Dichte der verschiedenen Gewebeschichten maßgeblich bestimmt werden, und werden durch die Änderung an den Grenzzonen dieser Schichten in ihrer Ausbreitung beeinträchtigt. Daraus resultieren Effekte wie Reflexion, Absorption, Streuung, so dass der größte Teil der Wellen (➡) nicht erfasst werden kann. Nur ein Bruchteil der ausgesandten Wellen (➡) kann aufgrund korrekter Reflexion registriert und weiter bearbeitet werden.

Je nach Gewebeeigenschaften und Einfallswinkel kommt es zur Reflexion, Brechung, Streuung oder Absorption der Schallwellen (Abb. 1.**6**). Die Reflexion ist dabei umso ausgeprägter, je größer der Impedanzunterschied zwischen den einzelnen Gewebeschichten ist.

Die genannten Schallphänomene beeinflussen die korrekte Bildgebung durch Darstellungen, denen kein entsprechendes Korrelat zuzuordnen ist. Zu diesen Artefakten zählen Echophänomene, Schallschatten, Rauschen etc., die bei der Bildinterpretation sicher erkannt werden müssen (Abb. 1.**7 a, b**).

Die empfangenen Signale können auf unterschiedliche Art und Weise wiedergegeben werden. Grundsätzlich werden der **A-Modus („amplitude“)**, der **B-Modus („brightness“)** und der **M-Modus („move“)** unterschieden. Bei Anwendung des Ultraschalls in der Anästhesiologie und Intensivmedizin wird ausschließlich der B-Modus benutzt, der ein zweidimensionales Bild wiedergibt.

In vielen Disziplinen werden **Standardschnitte** für die verschiedenen Untersuchungen mittels Ultraschall angegeben. Grundsätzlich werden Querschnitt und Längsschnitt in Beziehung zum jeweils untersuchten Organ gefordert. Diese sollten angegeben werden, um eine korrekte Interpretation der gelieferten Ultraschallbilder zu ermöglichen. Um entsprechende Bilder zu bekommen, müssen verschiedene Bewegungsmanöver mit dem Schallkopf vollführt werden, wie z. B. Kippen, Drehen, Verschieben und Versetzen. Oftmals ist eine Kombination mehrerer Bewegungsarten notwendig, um eine sichere Bildgebung zu erhalten.

Literatur

1. Baker JP. The history of sonographers. J Ultrasound Med 2005;24:1-14.
2. Block B. Der Sono-Trainer. Schritt-für-Schritt-Anleitungen für die Oberbauchsonographie. Stuttgart: Thieme; 2005.
3. Hetzel G. Neue technische Entwicklungen auf dem Gebiet des Ultraschalls. Radiologe 2003;43:777-792.
4. Kane RA. Intraoperative ultrasonography. J Ultrasound Md 2004;23:1407-1420.
5. Sakas G, Walter S, Grimm M, Richtscheid M. Freihandakquisition, Rekonstruktion und Visualisierung von 3D- und 4D-Ultraschall. Radiologe 2003;40:295-303.
6. Schoelgens C. Native tissue harmonic imaging. Radiologe 1998;38:420-423.

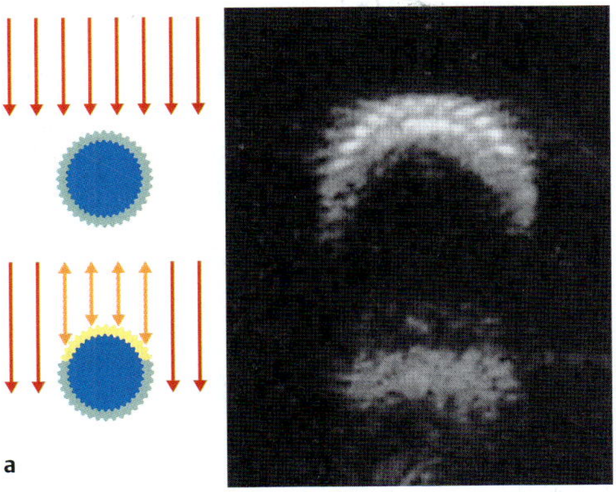

a

Abb. 1.**7 a** u. **b** Schallphänomene an Grenzflächen:

a Schalleffekte an einem im Wasserbad sonografisch untersuchten Flaschenverschluss mit rauer Oberfläche. Es zeigen sich verschiedene Schallphänomene, die unterschiedliche Auswirkungen auf die Bildgebung haben: Neben der korrekten Darstellung kommt es zur Ausblendung bzw. Darstellung nicht vorhandener Strukturen.

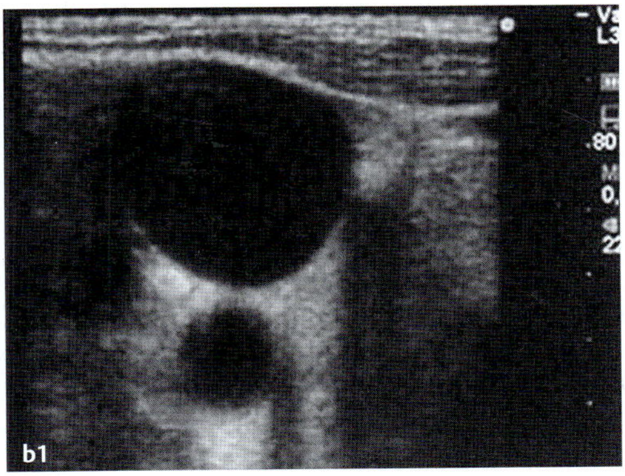

b1

b Schallphänomene an Halsgefäßen: An den orthograd getroffenen Abschnitten der Gefäßwände fallen Schatteneffekte auf. Dorsal der Gefäße sind Schallverstärkungen zu erkennen, die im Gegensatz zum übrigen Gewebe auf gleicher Höhe imponieren.

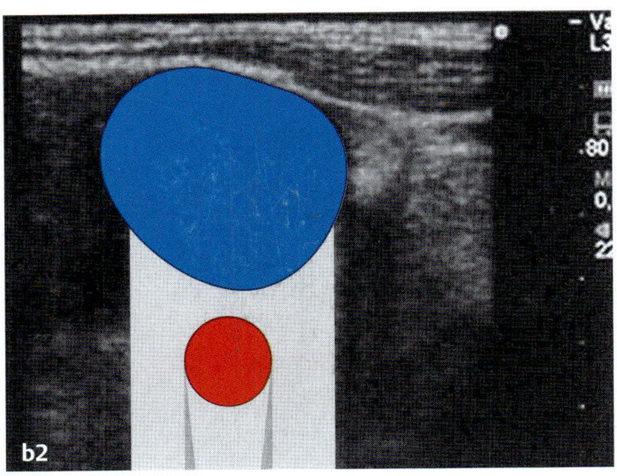

b2

1.2 Sonografisch-strukturelle Kennzeichen der verschiedenen anatomischen Strukturen

Um den Ultraschall optimal für anästhesiologische Zwecke nutzen zu können, bedarf es unter anderem einer korrekten Interpretation der erhaltenen sonografischen Informationen. Die Informationen im B-Modus sind – je nach Lokalisation – durch eine unterschiedlich ausgeprägte Komposition von hyperechogenen und hypoechogenen Reflexzonen gekennzeichnet. Das erhaltene Reflexmuster hat oftmals ein für die jeweiligen Organe typisches Aussehen, das bei korrekter und sicherer Führung des Schallkopfes reproduzierbar ist. Auch wenn im Rahmen von ultraschallgesteuerten Anästhesiologie-spezifischen Prozeduren nur eine bestimmte Auswahl an Zielorganen interessant ist, muss eine Reihe weiterer anatomischer Strukturen sonografisch sicher erkannt werden.

Gefäße

Gefäße sind für den Anästhesisten eine ideale Einstiegsstruktur für das Erlernen der Anwendung des Ultraschalls. Liegen keine wesentlichen Einschränkungen wie Plaques, Hämatome oder Dehydratation vor, so werden Gefäße sonografisch als runde bis ovale Strukturen im Querschnitt erkannt, mit einer klar hypoechogenen Binnenstruktur und einer in der Regel hyperechogenen Umrandung. Die entsprechende Längsdarstellung der Gefäße – imponierend als eine Art „Schlauchgebilde" –, die regelmäßig durchgeführt werden sollte, kann gegebenenfalls weitere Hinweise geben, die gelegentlich relevant für die Punktionsvorgänge sein können. Mit den herkömmlichen Ultraschallgeräten lassen sich selbst kleinere Gefäße mit einem Durchmesser von wenigen Millimetern leicht erkennen.

Muskulatur

In nahezu allen Ultraschallbildern, die in der Anästhesiologie und Intensivmedizin erstellt werden, treten muskuläre Strukturen auf, die unterschiedlich in Erscheinung treten. Gesundes Muskelgewebe ist bei adäquater Darstellung echoarm. Je nach Schnittführung sind die muskulären Septierungen als hyperechogene Linienstrukturen oder als Punkte erkennbar. Oftmals strahlen die Septen fischgrätenförmig in den hypoechogenen Muskel ein. In manchen Situationen (z. B. nach Punktionen) sind die muskulären Strukturen auffällig unterbrochen durch Hämatome. Des Weiteren können Sehnenstränge durch die Muskulatur ziehen, die gelegentlich mit nervalen Strukturen verwechselt werden.

Faszien

Die den jeweiligen Muskel umgebende Faszie ist sonografisch meist als helle Schicht erkennbar. Faszien sind häufig durch Fett und Bindegewebe verdickt und imponieren bei orthograder Schnittführung als dicke Stränge. In ihnen können ebenfalls kleine Gefäße und Nervenstrukturen erkannt und bis zu einer bestimmten Entfernung verfolgt werden.

Knochen

Ähnlich wie bei Luft bestehen im Knochen sehr ungünstige Bedingungen für die Schallweiterleitung. Oberflächen von Knochen imponieren daher als scharf abgegrenzte, echoreiche Areale. Aufgrund des deutlich erhöhten Schallwiderstandes und der daraus resultierenden Reflexionen sind hinter den entsprechenden knöchernen Strukturen keine bzw. wenige Reflexzonen auszumachen. Daraus ergeben sich oftmals in den Grenzzonen unterschiedlich ausgeprägte Schattenzonen.

Nerven

Die sonografischen Charakteristika der Nervendarstellung werden in dem jeweiligen Kapitel beschrieben.

Sehnen

Sehnen können in ihrer Grundstruktur und ihren Größenordnungen sonografisch sehr leicht mit den Befunden von Nerven verwechselt werden. In den jeweiligen Kapiteln wird darauf gesondert eingegangen.

Zysten

Zysten stellen sich sowohl im Längs- als auch im Querschnitt als rundliche/ovale Strukturen dar. Sie können differentialdiagnostisch bedeutsam sein im Rahmen von Gefäßpunktionen oder bei der Abdomensonografie.

Schilddrüse

Analog zu den Zysten ist auch die Schilddrüse für den Anästhesisten weniger als Zielobjekt von Bedeutung, sondern aufgrund ihrer Nähe zu bedeutsamen Strukturen. Die Schilddrüse zeigt sich sonografisch als heller und meist scharf abgegrenzter Zonenbereich, in dem in der Regel keine gröberen Reflexmuster auffallen, mit Ausnahme beim Vorliegen von Zysten.

1.3 Sonografische Darstellung der Nadelführung

Die Anwendung des Ultraschalls in der Anästhesiologie und Intensivmedizin unterscheidet sich von der in vielen anderen Fachrichtungen, wo die Sonografie in der Regel zu diagnostischen Zwecken und zur reinen Bilddarstellung eingesetzt wird. Im Gegensatz dazu dient die sonografische Darstellung in der Anästhesiologie und Intensivmedizin überwiegend der Orientierung, Führung und gegebenenfalls zur Positionskorrektur von Punktionskanülen, so z. B. bei Gefäßpunktionen oder zur korrekten Applikation von Lokalanästhetika.

Die korrekte Führung der jeweiligen Kanüle erfordert während des gesamten Punktionsvorgangs eine sichere sonografische Darstellung. Jegliche Missachtung dieser Forderung kann die verschiedenen ultraschallgesteuerten Prozesse erheblich erschweren oder ganz unmöglich machen.

Grundsätzlich wird unterschieden zwischen der sonografischen **Quer-** und **Längsdarstellung** der jeweiligen Punktionskanüle.

Querdarstellung

Die sonografische Querdarstellung einer Kanüle ist die am wenigsten anspruchsvolle Form. Die Punktionskanüle wird dabei zur Schallebene vorgeführt und kommt meist als rundliche oder ovale Struktur zur Darstellung (Abb. 1.**8 a–e**). Dabei können einige Schwierigkeiten auftreten, die bei der Interpretation beachtet werden müssen. Zunächst kann je nach Winkel zwischen Nadel und Schallebene die Reflexion der Schallwellen so ungünstig sein, dass eine adäquate Bildgebung nicht möglich ist. Aus diesem Grunde muss der günstigste Winkel empirisch ermittelt werden, da dieser nicht exakt vorhersagbar ist. Meist liegt er zwischen 30° und 60° (laut Literatur und eigener Erfahrung).

Ein weiterer wichtiger Aspekt bei der sonografischen Querdarstellung ist die schwierige Lokalisation der Kanülenspitze. Da die Kanüle quer von der Schallebene getroffen wird, ist anhand der sonografischen Abbildung nicht festzustellen, wie weit die Spitze der Punktionskanüle hinter der Schallebene liegt. Dies kann ebenfalls nur empirisch ermittelt werden. Deshalb empfiehlt es sich, bei diffizilen anatomischen Strukturen auf die Längsdarstellung zurückzugreifen.

Längsdarstellung

Bei der korrekten sonografischen Längsdarstellung einer Kanüle ist der Sicherheitsstandard am höchsten, da die Position der Nadelspitze exakt ermittelt werden kann. Die Kanüle wird dabei in der Schallebene vorgeführt, so dass die Führung und erforderliche Korrekturen auf dem Monitor eindeutig zu erkennen sind und damit das Risiko erheblich reduziert werden kann (Abb. 1.**9 a–e**).

Folgende Limitationen sind bei dieser Darstellungsform zu beachten: Für den Anfänger ist die Längsdarstellung äußerst schwierig und gewöhnungsbedürftig, da die Nadel genau in der Schallebene vorgeführt werden muss. Erschwert wird die Situation dadurch, dass die Nadel sehr leicht aus der Schallebene treten kann und die entsprechende sonografische Kontrolle verloren geht. Daher sollte diese Darstellungsform erst im weiteren Verlauf der „sonografischen" Ausbildung eingeübt werden.

Bewegung der Kanüle

Nach der sicheren Quer- und Längsdarstellung der Punktionskanüle sollten die verschiedenen Möglichkeiten der Führung der Punktionskanüle unter sonografischer Kontrolle eingeübt werden:

- in Punktionsrichtung,
- Kippen,
- paralleles Verschieben.

Dabei ist zu beachten, dass neben der korrekten sonografischen Darstellung der Punktionskanüle gleichzeitig die anatomische Zielstruktur sicher abgebildet werden muss (Abb. 1.**10 a, b**).

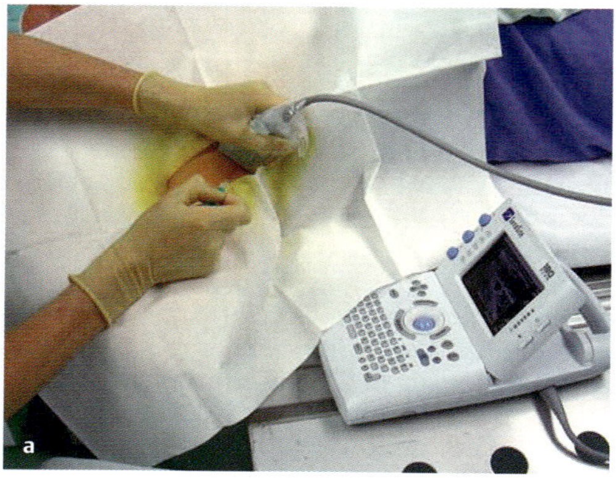

Abb. 1.**8 a–e** Querdarstellung:
a Beziehung zwischen Schallkopf und Punktionskanüle unter sterilen Kautelen. Die Punktionskanüle wird in Richtung auf die Schallebene vorgeführt, was eine punktförmige Abbildung der Nadel zur Folge hat. Beachte die korrekte lineare Anordnung von Ultraschallgerät, Patient und Untersucher.

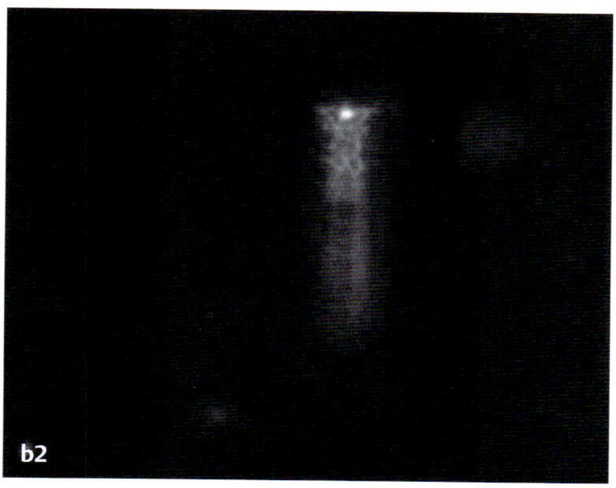

b Schematische und sonografische (im Wasserbad) Abbildung der Lage der Nadel zur Schallebene: Die Nadel stellt sich meist als Punkt dar, der häufig von einem Schallschatten begleitet wird.

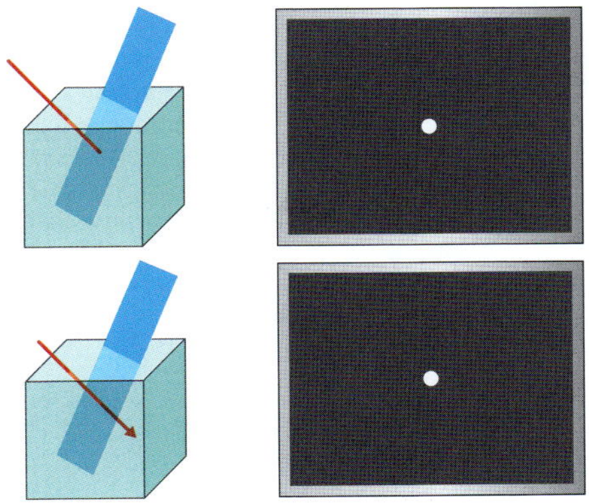
c

c Bewegungen der Nadel in Längsrichtung führen in der Querdarstellung zu keiner Veränderung des Signals.

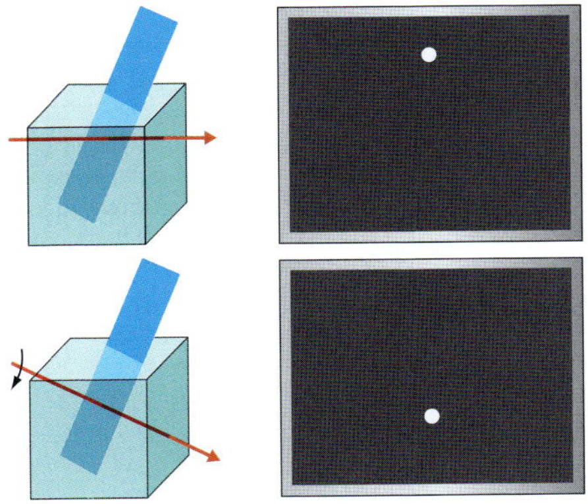
d

d Kippbewegungen der Nadel in der Querdarstellung werden in der sonografischen Abbildung als Bewegung eines Punktes dargestellt.

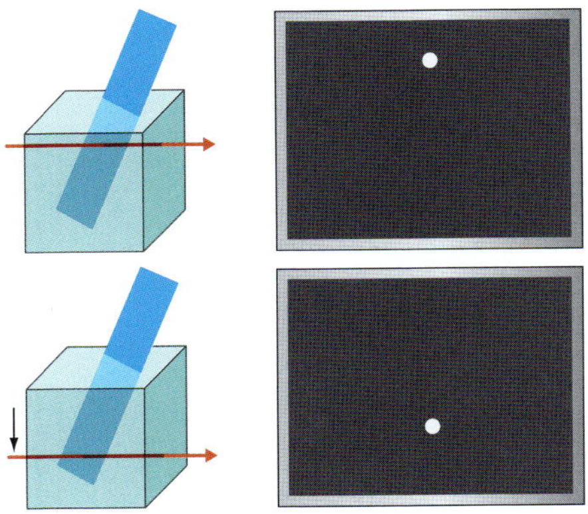
e

e Parallelverschiebungen der Nadel in der Querdarstellung kommen ebenfalls als Verschiebung des Punktes zur Darstellung.

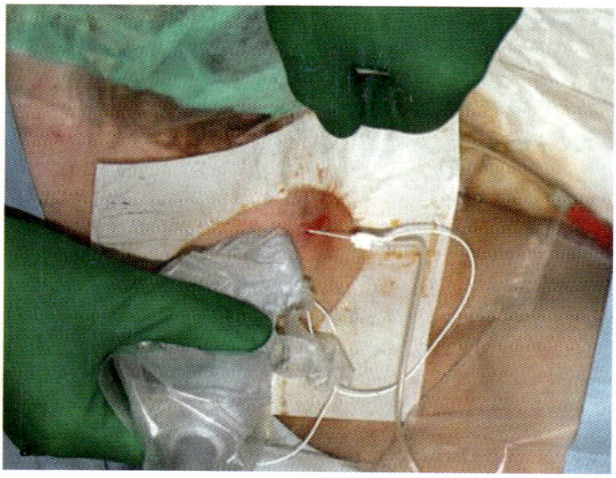

Abb. 1.**9 a–e** Längsdarstellung:
a Beziehung zwischen Schallkopf und Punktionskanüle unter sterilen Kautelen während einer ultraschallgesteuerten Regionalanästhesie. Die Punktionskanüle wird in der Schallebene vorgeführt, was idealerweise eine Längsdarstellung der Nadel zur Folge hat.

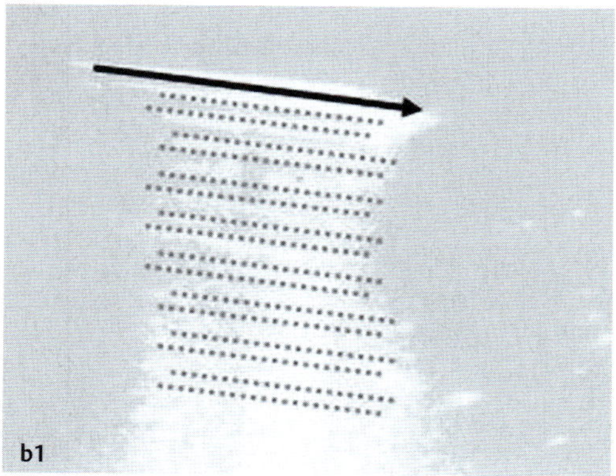

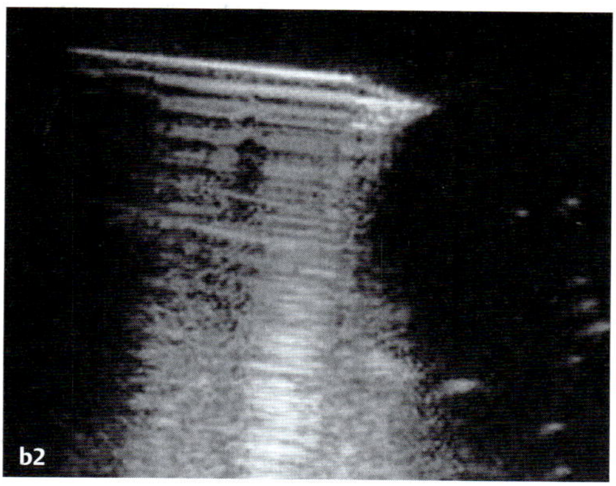

b Sonografische Darstellung einer Kanüle im Wasserbad. Beachte – neben der Längsdarstellung der Kanüle – die ausgeprägten Schatteneffekte und Echophänomene unterhalb der Nadel. Solche Effekte entstehen durch wiederholte Reflexionen an Grenzflächen mit großen Impedanzunterschieden.

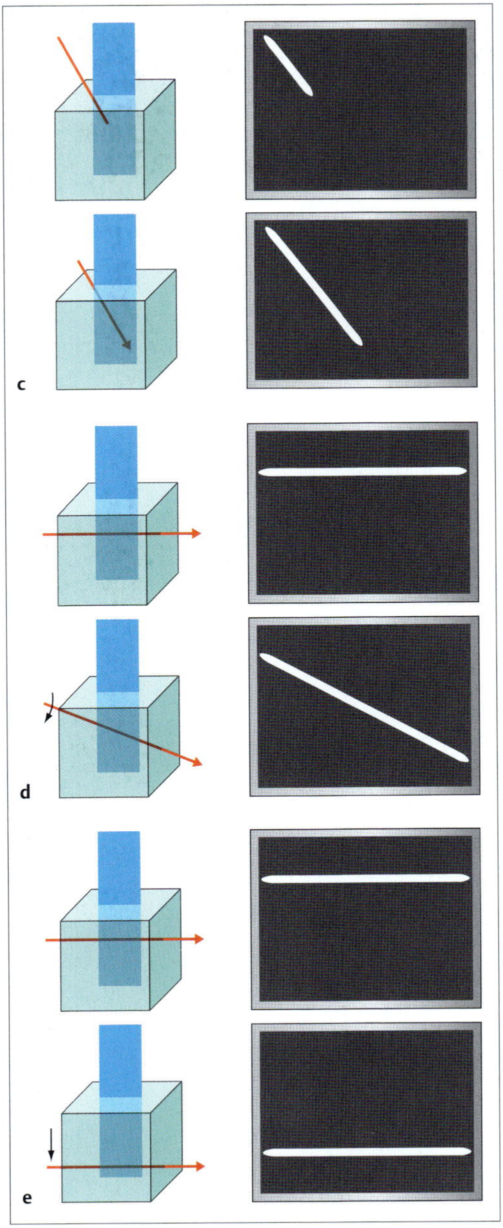

c Bewegungen der Nadel in Längsrichtung in der Schallebene können – bei korrekter Darstellung und Schallkopfführung – unmittelbar erkannt werden.

d Auch Kippbewegungen der Nadel in der Schallebene werden unmittelbar sichtbar.

e Parallelbewegungen der Nadel in der Schallebene sind ebenfalls zu erkennen.

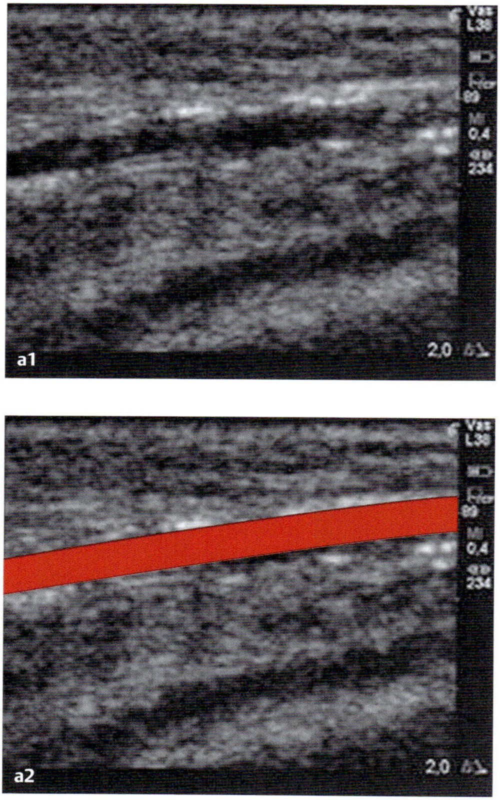

Abb. 1.**10 a** u. **b** Bei der Punktion müssen Kanüle und Zielstruktur sicher sonografisch dargestellt werden.

a Längsdarstellung des zu punktierenden Gefäßes (A. radialis).

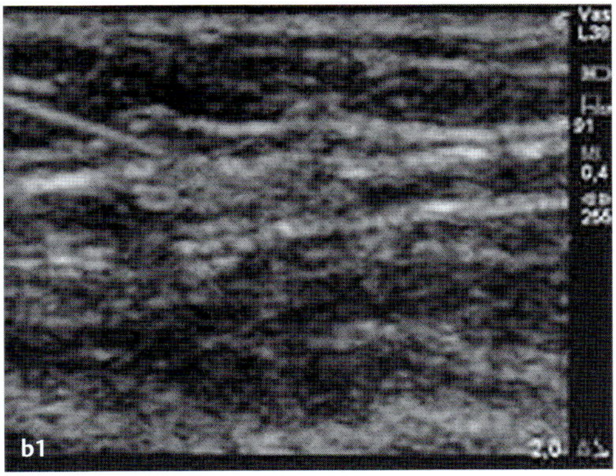

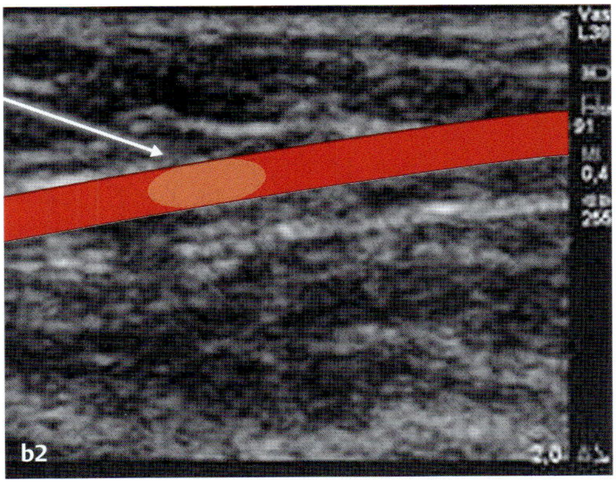

b Kanüle, in der Schallebene vorgeführt zur Punktion der A. radialis. Die durch den Punktionsvorgang bedingte Gewebekompression lässt das Gewebe hyperechogener erscheinen.

1.4 Faktoren, die die Darstellung verbessern

Die Darstellung von Kanülen ist von verschiedenen Faktoren abhängig, vor allem vom Winkel, der räumlichen Beziehung zwischen Kanüle und Schallebene und den Kanüleneigenschaften.

Kanüleneigenschaften

Grundsätzlich lassen sich alle Kanülen sonografisch darstellen. Es gibt jedoch einige Eigenschaften, die die Darstellung erheblich verbessern können:

- **Nadeldicke:** Bei weitem Diameter können sich große Reflexareale bilden, die oft Schattenzonen nach sich ziehen. Die Reflexphänomene sind dadurch sehr auffällig. Eine Richtungskorrektur ist daher sehr leicht möglich. Dieser Vorteil ist jedoch lediglich bei großen Zielstrukturen gegeben.
- **Oberflächenstruktur:** Mittels einer besonderen Beschichtung lässt sich die Echogenität der Kanülenoberfläche erhöhen und damit die sonografische Darstellung erheblich verbessern. Von der Industrie werden dafür u.a. mit Luftblasen aufgeschäumte Teflonschichten auf die Kanüle aufgebracht bzw. deren Oberfläche angeätzt. Diese Produkte sind aufgrund der aufwändigen Fertigung ziemlich teuer und werden im Routinebetrieb daher kaum eingesetzt. Es empfiehlt sich deshalb, die verschiedenen Kanülen, die in der Abteilung vorrätig sind, auf ihre sonografische Darstellbarkeit zu überprüfen und die für die jeweilige Anwendung am besten geeignete Kanüle zu verwenden. Nach eigenen Erfahrungen steigern die für eine Nervenstimulation notwendigen Isolationsschichten ebenfalls die sonografische Darstellbarkeit, so dass in ausgewählten Fällen diese Produkte gerne genutzt werden.

Winkel zwischen Schallebene und Kanüle

Wie oben ausgeführt, ist die Querdarstellung, bei der die Kanüle zur Schallebene geführt wird, verhältnismäßig leicht zu praktizieren. Ein sehr häufig in seiner Bedeutung und Auswirkung unterschätzter Faktor ist dabei der Winkel zwischen Schallebene und darzustellender Kanüle (Abb. 1.**11**). Selbst die für eine sonografische Darstellung günstigste Kanüle kann bei inadäquat gewähltem Beschallungswinkel mittels Ultraschall nicht korrekt detektiert werden. Eine Reihe von Untersuchungen konnte zeigen, dass der günstigste Winkel zwischen 30° und 60° liegt, was durch die Erfahrungen aus der Anästhesie nur bestätigt werden kann. Je nach Fragestellung und lokalen Verhältnissen können diese Bedingungen allerdings nicht immer

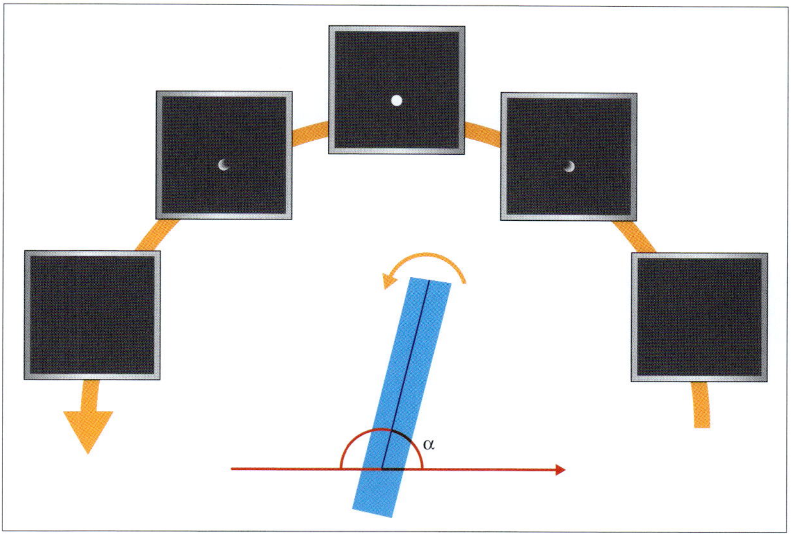

Abb. 1.**11** Je nachdem, welcher Winkel zwischen Punktionskanüle und Schallebene gewählt wird, entstehen unterschiedlich ausgeprägte Schallschatten. Der günstigste Winkel muss oftmals empirisch ermittelt werden, da eine große interindividuelle Streubreite zu beobachten ist.

erfüllt werden, so dass durch die Erhöhung der Echogenität an der Kanüle selbst deren sonografische Darstellung verbessert werden muss.

Je nach Fragestellung können die oben beschriebenen Faktoren von erheblicher Bedeutung sein. Bei der Punktion großer Gefäße ist die exakte Darstellung der Kanüle oft von untergeordneter Bedeutung, weil der Gefäßdurchmesser im Verhältnis zur Kanüle sehr groß und das Gefäß kaum zu verfehlen ist. Im Gegensatz dazu wird man bei sehr kleinen, sensiblen anatomischen Strukturen, wie z. B. bei peripheren Nerven, darauf bedacht sein, eine möglichst genaue Abbildung der Kanülenspitze zu erhalten. Für die Genauigkeit und Sicherheit bei der ultraschallgesteuerten Regionalanästhesie ist eine optimale Nadeldarstellung unerlässlich.

Technische Haltevorrichtungen

Der korrekten sonografischen Abbildung der Kanüle folgt anschließend die Führung zum jeweiligen anatomischen Bezirk. Was von der Forderung her als selbstverständlich erscheint, ist in der Umsetzung jedoch umso schwieriger.

Wird die Kanüle in der Schallebene geführt – die Nadel wird **längs** abgebildet –, so muss die Spitze gut gesichtet werden, um eine erfolgreiche ultraschallgesteuerte Prozedur durchzuführen. Muss die Kanüle **quer** zur Schallebene geführt werden, so muss der Untersucher Schallebene und Punktionsrichtung so in Einklang bringen, dass beim Aufreffen der Nadelspitze auf der Schallebene auch gleichzeitig das Zielorgan erreicht wird. Es bietet sich auch aus diesem Grunde an, dass Schallkopfbewegung und Punktion von einer Person durchgeführt werden. Eine vermeintlich gut gemeinte Hilfe, bei der der Schallkopf von einer weiteren Person gehalten wird, kann den genannten Koordinationsvorgang erheblich beinträchtigen.

Die Industrie bietet für ultraschallkontrollierte Verfahren Haltevorrichtungen an, die die jeweiligen Punktionskanülen am Schallkopf in einem vorab definierten Winkel zur Schallebene arretieren. Da während des Punktions- und Injektionsvorgangs aber die Lage der Punktionskanüle geändert werden muss, ist es fraglich, inwieweit derartige Hilfsmittel im anästhesiologischen Routinebetrieb sinnvoll sind.

Position von Untersucher, Patient und Ultraschallgerät

Eine korrekte Nadelführung setzt eine korrekte Position aller beteiligten Größen, d.h. von Untersucher, Patient und Ultraschallgerät, voraus. Dadurch lassen sich ermüdende und störende Einflüsse für den Anwender während des gesamten Untersuchungsvorganges vermindern, was die Konzentration und demzufolge auch die Qualität der Interpretation erheblich beeinflusst.

Während des Punktionsvorgangs selbst hat es sich bewährt, dass Untersucher, Patient und Ultraschallgerät möglichst auf einer Linie angeordnet sind. Dadurch hat der Untersucher die zu führende Punktionskanüle und den Monitor des Ultraschallgerätes immer gleichzeitig im Blick (Abb. 1.**12 a**).

Literatur

1. Bergin D, Pappas JN, Hwang JJ, Sheafor DH, Paulson EK. Echogenic polymer coating. Does it improve needle visualization in sonographically guided biopsy? Am J Roentgenol 2002;178:1188-1190.
2. Bradley MJ. An in-vitro study to understand free-hand ultrasound guided intervention. Clin Radiol 2001;56:495-498.

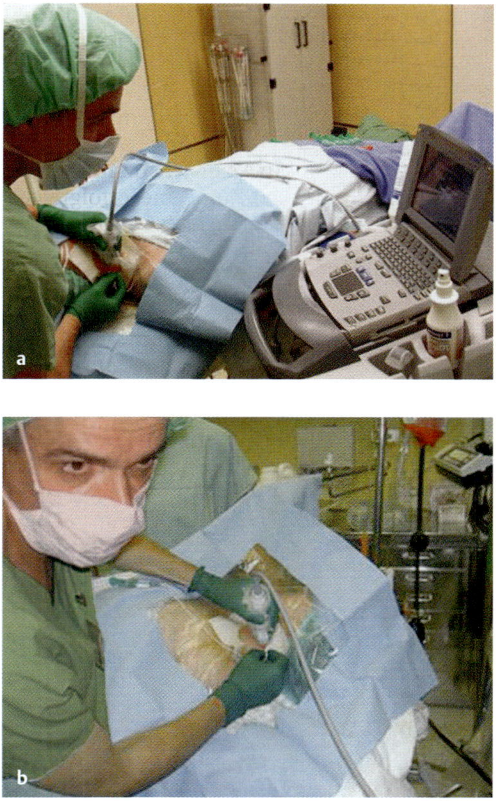

Abb. 1.**12 a** u. **b** Die günstigste Anordnung und Beziehung zwischen Patient, Ultraschallgerät und Anwender muss vor jeder invasiven Maßnahme bedacht werden, um Behinderungen und Störeinflüsse zu minimieren.

a Untersucher, Patient und Monitor sind im Idealfall in einer Linie angeordnet.

b Beispiel einer suboptimalen Position der verschiedenen Komponenten bei der ultraschallgesteuerten Blockade eines peripheren Nervs. Da der Monitor des Ultraschallgeräts ungünstig liegt, muss der Untersucher häufig den Kopf wenden, was den Ablauf insgesamt erheblich stört.

3. Cheung S, Rohling R. Enhancement of needle visibility in ultrasound-guided percutaneus procedures. Ultrasound Med Biol 2004;30:617-624.
4. Gottlieb RH, Robinette WB, Rubens DJ, Hartley DF, Fultz J, Violante MR. Coating agent permits improved visualisation of biopsy needles during sonography. Am J Roentgenol 1998;171:1301-1302.
5. Hopkins RE, Bradley M. In-vitro visualization of biopsy needles with ultrasound: a comparative study of standard and echogenic needles using an ultrasound phantom. Clin Radiol 2001;56:499-502.
6. Jandzinski DI, Carson N, Davis D, Rubens DJ, Voci SL, Gottlieb RH. Treated needles. Do they facilitate sonographycally guided biopsies? J Ultrasound Med 2003; 22:1233-1237.
7. Nichols K, Wright LB, Spencer T, Culp WC. Changes in ultrasonographic echogenicity and visibility of needles with changes in angles of insonation. J Vasc Interv Radiol 2003;14:1553-1557.
8. Riopelle J. Use of ultrasound to control depth of needle insertion. Reg Anesth Pain Med 2001, 26
9. Saleh A, Ernst S, Grust A, Fürst G, Dall P, Mödder U. Real-time compound imaging: Verbesserte Erkennbarkeit von Punktionsnadeln und Markierungsdrähten gegenüber Single-line-Ultraschall? Fortschr Röntgenstr 2001;173:368-372.
10. Sites BD, Gallagher JD, Cravero J, Lundberg J, Blike G. The learning curve associated with a simulated ultrasound-guided interventional task by inexperienced anesthesia residents. Reg Anesth Pain Med 2004;29:544-548.
11. Schafhalter-Zoppoth I, McCulloch CE, Gray A. Ultrasound visibility of needels used for regional nerve block: an in vitro study. Reg Anesth Pain Med 2004; 29:480-488.
12. Tsui BCH, Finucane B. Practical recommendations for improving needle-tip visibility under ultrasound guidance? Reg Anesth Pain Med 2005, 30:596-598

1.5 Sonografische Kontrolle der Ausbreitung von Lokalanästhetika im Gewebe

Dank der Sonografie hat der Anästhesist die Möglichkeit, das Ausbreitungsverhalten von Lokalanästhetika während des Injektionsvorganges zu beobachten, zu kontrollieren und bei Bedarf auch zu korrigieren. Wesentlich dabei ist, den Injektionsvorgang sonografisch genau zu verfolgen und das Ausbreitungsverhalten korrekt zu interpretieren. Aus diesem Grunde ist es wichtig, die Charakteristika der verschiedenen Darstellungsmöglichkeiten in den verschiedenen Lokalisationen zu kennen.

Idealerweise stellt sich das Depot von Lokalanästhetika als echoarmer bis echofreier Bezirk dar. Während des Injektionsvorgangs können jedoch gelegentlich kurzfristig echoreiche Strukturen im Depot erscheinen. Dies lässt sich durch Verwirbelungen erklären und kann durch die Injektion kleiner Luftbläschen verstärkt werden. Dieser „Jet"-Vorgang tritt insbesondere zu Beginn der Injektion häufig auf, die hyperechogenen Areale können aber auch während des gesamten Injektionsvorgangs persistieren.

Nerv

Ein Lokalanästhetikum-Depot am Nerv wird meist als scharf konturiertes, hypoechogenes Areal am bzw. um den jeweils zu blockierenden Nerv sichtbar. Im Grunde genommen kann bei dieser Konstellation von einer ausreichenden Nervenblockade ausgegangen werden. Gelegentlich wird in der angloamerikanischen Fachliteratur in diesem Zusammenhang von einem „doughnut sign" gesprochen, was die korrekte Ausbreitung um den Nerv sehr gut beschreibt. Es ist jedoch fraglich, ob für eine komplette Nervenblockade immer eine ringförmige Ausbreitung des Depots um den jeweiligen Nerv erforderlich ist. In manchen Fällen zeichnet sich nach einem anfänglich Erfolg versprechenden Ausbreiten des Lokalanästhetikums in Richtung der jeweiligen Zielnerven eine sekundäre Fehlausbreitung ab. Ursache dafür kann sein, dass die Kanüle während des Injektionsvorgangs unbemerkt verrutscht oder aber dass anatomische Strukturen wie Septen, Faszien, Verklebungen etc. die Ausbreitung des Lokalanästhetikum behindern. In diesem Fall lässt sich die Ausbreitung des Lokalanästhetikums durch Kippen bzw. Parallelverschieben der Punktionskanüle korrigieren.

Muskulatur

Eine versehentliche intramuskuläre Injektion von Lokalanästhetika sollte selbstverständlich immer vermieden werden. Trotzdem treten die entsprechenden Abbildungen immer wieder auf, so dass ihre pathognomonischen Charakteristika sicher erkannt und interpretiert werden müssen. Hauptmerkmal einer versehentlichen intramuskulären Injektion sind – neben der Ausbreitung im Muskel – erstens das Fehlen einer scharfen Abgrenzung und zweitens eine oftmals hyperechogene Binnenstruktur. Die beschriebenen Merkmale können sich nach der Injektion von nur wenigen Millilitern Lokalanästhetikum rasch entwickeln. Eine sofortige Unterbrechung des Injektionsvorgangs mit anschließender Korrektur der Nadelposition ist die logische Konsequenz in einer solchen Situation.

Faszie

Einige Blockadetechniken bedürfen der Applikation von Lokalanästhetika auf bestimmte Muskelfaszien. Auch hier ist die korrekte Ausbreitung der Lokalanästhetika gekennzeichnet durch eine scharfe, klar abgegrenzte Kontur mit einer echofreien bis echoarmen Binnenstruktur des Lokalanästhetikum-Depots.

Es kann nicht oft genug betont werden, dass der gesamte Injektionsvorgang sonografisch kontrolliert werden muss, um eine sichere Kontrolle der Ausbreitung und damit eine erfolgreiche Blockade zu erzielen. Die Ausbreitung zum Zielnerv kann erst im Verlauf der Injektion gestört sein, so dass z. B. die Nadelposition korrigiert werden muss. Selbstverständlich kann im Anschluss ein entsprechender Katheter gelegt werden.

1.6 Potenzielle Komplikationsmöglichkeiten

Wie jede Verfahrensweise in der Medizin, so ist auch bei ultraschallgestützten Prozeduren auf die möglichen Schwierigkeiten und Komplikationen zu achten. Diese können versehentliche Gefäßpunktion, Entwicklung von Infekten oder versehentliche Irritation von Nerven sein (Abb. 1.**13** – 1.**15**). Es sollten deshalb immer folgende Punkte durchgeführt werden:

- Aufklärung des Patienten
- Striktes steriles Vorgehen
- Ultraschall-gestützte Nervenblockaden in der Regel am wachen Patienten
- Durchführung durch entsprechend ausgebildetes Personal
- Standardisiertes, vorab festgelegtes Prozedere

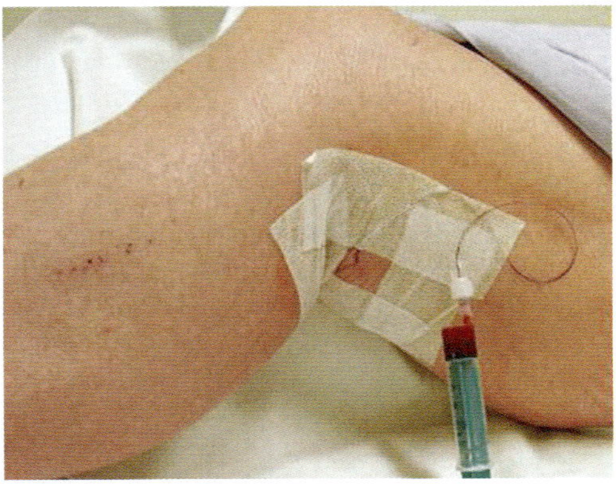

Abb. 1.**13** Versehentliche intravasale Lage eines Katheters nach Ultraschall-gesteuerter Vorgehensweise. Aspiration ist auch bei Anwendung des Ultraschalls in der Regionalanästhesiologie vor jeder Injektion von Lokalanästhetika obligat.

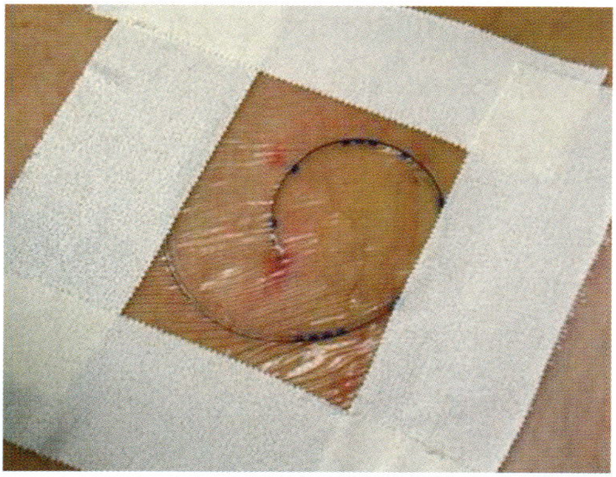

Abb. 1.**14** Infekt an Hautoberfläche nach Ultraschall-gesteuerter Katheter-Anlage bei einer Liegedauer von 7 Tagen. Regelmäßige (mindestens einmal täglich) Inspektionen der Einstichstellen sind eine der Grundbedingungen der Anwendung von Schmerzkathetern.

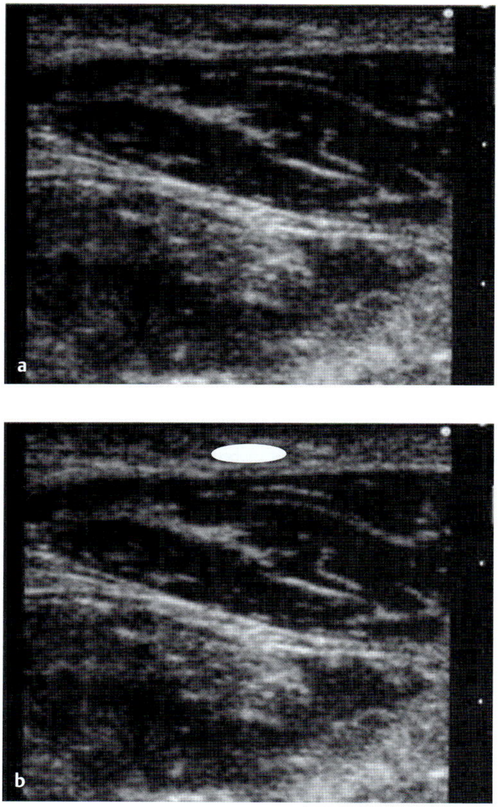

Abb. 1.**15 a u. b** Minimale Entwicklung einer Hautabszedierung und deren sonografische Darstellung mit der Konsequenz der sofortigen Entfernung des Katheters.

1.7 Ultraschall in einer Anästhesiologischen Abteilung

Der Ultraschall in einer Anästhesiologischen Abteilung sollte immer schnell und frei verfügbar für die verschiedensten Zwecke sein (Abb. 1.**16**). Durch Entwicklung kleiner tragbarer Einheiten ist dies heutzutage kein Problem, erfordert aber eine korrekte Dokumentation des jeweiligen Einsatzortes der entsprechenden Ultraschalleinheit (Abb. 1.**17** - 1.**20**).

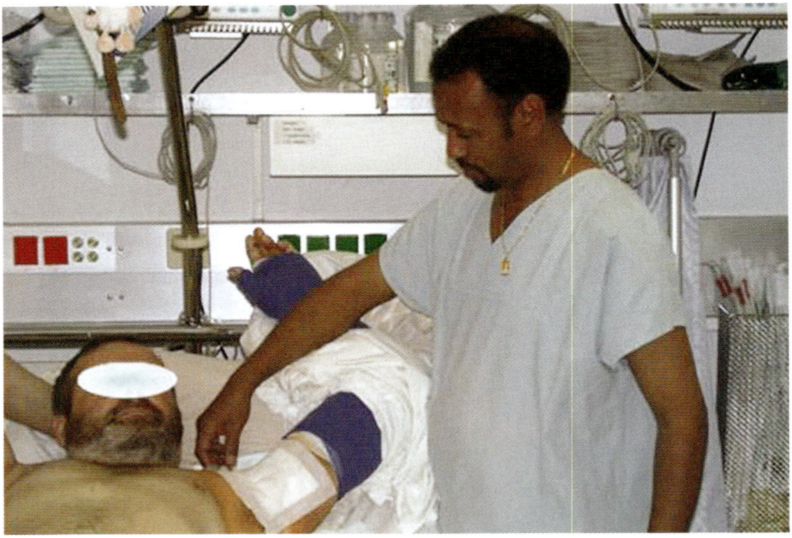

Abb. 1.**16** Integraler Bestandteil der Anwendung des Ultraschalls ist der Schmerzdienst, welcher in der Weiterbetreuung der Ultraschall-gesteuerten Katheter-Anlagen fest eingebunden ist.

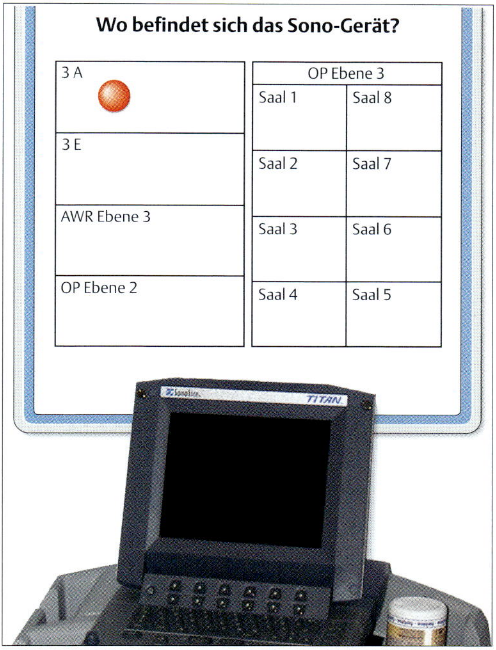

Abb. 1.**17** Beispiel einer Dokumentation des momentanen Standortes einer portablen Ultraschall-Einheit anhand einer Magnetwand.

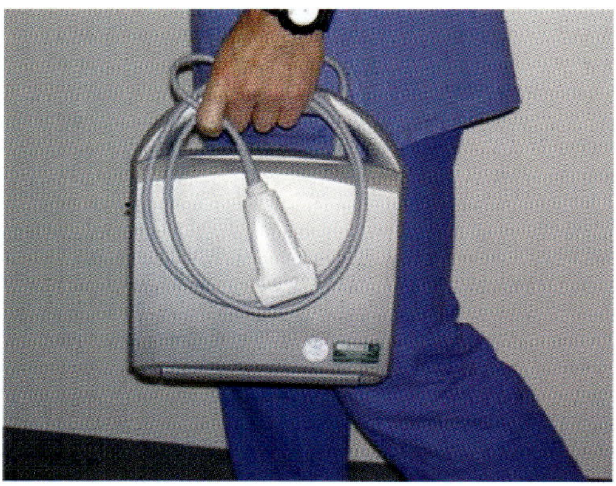

Abb. 1.**18** Grundbedingung für den Ultraschall in der Anästhesiologie und Intensivmedizin ist die schnelle Verfügbarkeit. Portable Einheiten sind überall einsetzbar.

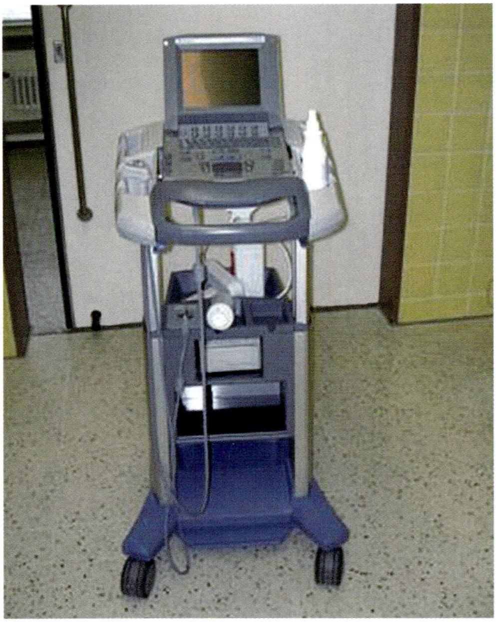

Abb. 1.**19** Beispiel einer fahrbaren „docking-station“, an der die portable Ultraschall-Einheit aufgeladen werden kann, und an der die benötigten Zusätze, wie z. B. Ultraschall-Gel oder sterile Hüllen für den Schallkopf, deponiert werden können.

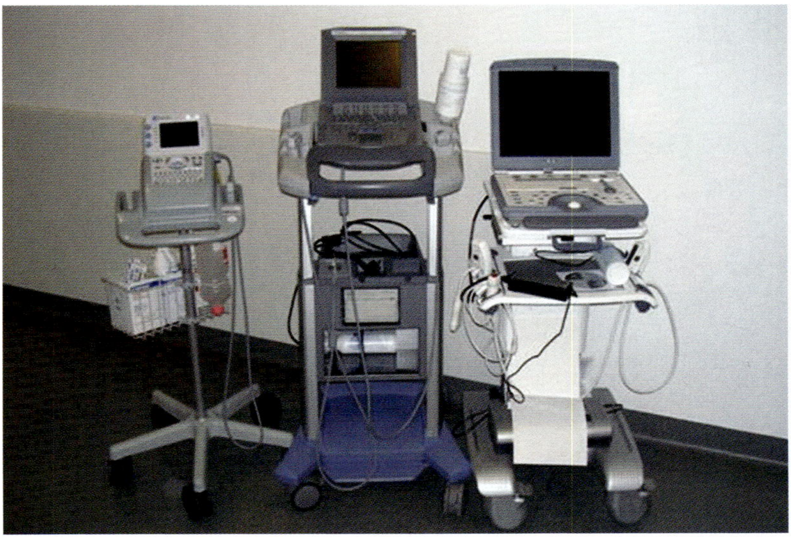

Abb. 1.**20** Spektrum an portablen Ultraschall-Einheiten einer Anästhesiologischen Abteilung.

2 Ultraschallgestützte Detektion und Punktion von Gefäßen

In der historischen Entwicklung der Sonografie für rein anästhesiologische Zwecke gehörten die Blutgefäße sicherlich zu den ersten anatomischen Strukturen, die systematisch untersucht wurden und die maßgeblich und relativ früh die Möglichkeiten der Ultraschalluntersuchung im Fachgebiet der Anästhesiologie und Intensivmedizin aufzeigten. Auch didaktisch besitzt die sonografische Abbildung von Gefäßen einen wichtigen Stellenwert, zumal diese leicht zu erkennen sind und ihre Darstellung meist nicht viele Vorkenntnisse bzw. Erfahrung erfordert (Abb. 2.**1**). In der Regel stellt sich das Gefäßlumen als hypoechogen dar mit einer hyperechogenen Wand. Gelegentlich zeigen sich intravasale Befunde, die bei regelmäßiger sonografischer Inspektion der zu punktierenden Gefäße immer wieder auffallen, wie z. B. Thromben, Kollapsneigung, Katheterschleifen etc. Die Sonografie von Gefäßen kann somit als das ideale „Eingangsportal" betrachtet werden, über das die Ultraschalluntersuchung erlernt und etabliert werden kann, zumal der Untersuchungsvorgang keine wesentliche Belastung und zeitlichen Aufwand für Patienten und Untersucher erfordert. Neben den anatomischen Strukturen selbst empfiehlt es sich, die einzelnen Untersuchungsschritte anhand der sonografischen Inspektion von Gefäßen regelmäßig einzuüben und im weiteren Verlauf die Führung des Schallkopfes mit gleichzeitigem Handling zur Punktion zu erlernen.

2.1 Allgemeines

Identifikation von Gefäßen

Mit den für die Klinik bislang zur Verfügung stehenden Ultraschallgeräten können Blutgefäße bis zu einem Durchmesser von ca. 2 mm problemlos sonografisch gesichtet werden. Die Detektion wird durch die Doppler-Funktion erleichtert, die jedoch nicht immer gegeben ist. In den meisten Fällen ist es ratsam, die Gefäße in beiden Ebenen mittels Ultraschall darzustellen. In Abhängigkeit vom Auflagedruck, den der Schallkopf auf die Haut ausübt, kann der Diameter der jeweiligen Gefäße variieren, so dass bei der Untersuchung auf diesen Faktor zu achten ist.

Bedacht werden müssen auch Lagevariationen von Gefäßen, die immer wieder Ursache für eine falsche Interpretation der Befunde sind.

Häufig lassen sich als Nebenbefund thrombotische Veränderungen nachweisen. Diese fallen auf durch mangelnde Kompressionsmöglichkeit, intraluminal erhöhte Echogenität und – falls vorhanden – fehlende Doppler-Signale.

Die Differenzierung von Venen und Arterien für rein anästhesiologische und/oder intensivmedizinische Fragestellungen ist meist durch leichte Kompression mit dem Schallkopf möglich (Abb. 2.**2**). Der Einsatz der Doppler-Funktion bietet eine elegante und bequeme Möglichkeit zur Differenzierung, ist in den allermeisten Fällen jedoch entbehrlich.

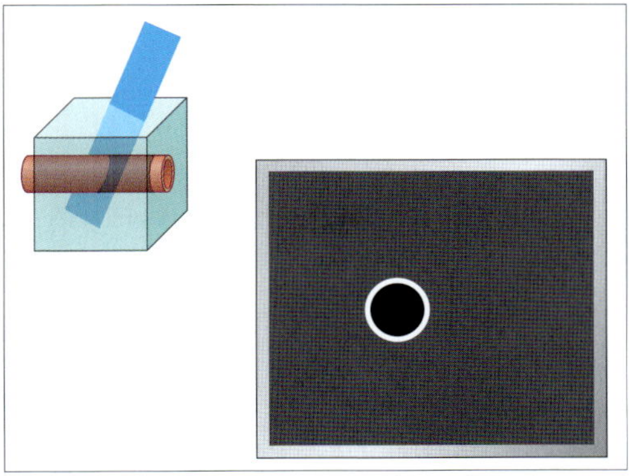

Abb. 2.**1** Blutgefäße lassen sich in der Querdarstellung relativ einfach sonografisch abbilden. Das hypoechogene Gefäßlumen wird durch die hyperechogene Gefäßwand deutlich abgegrenzt.

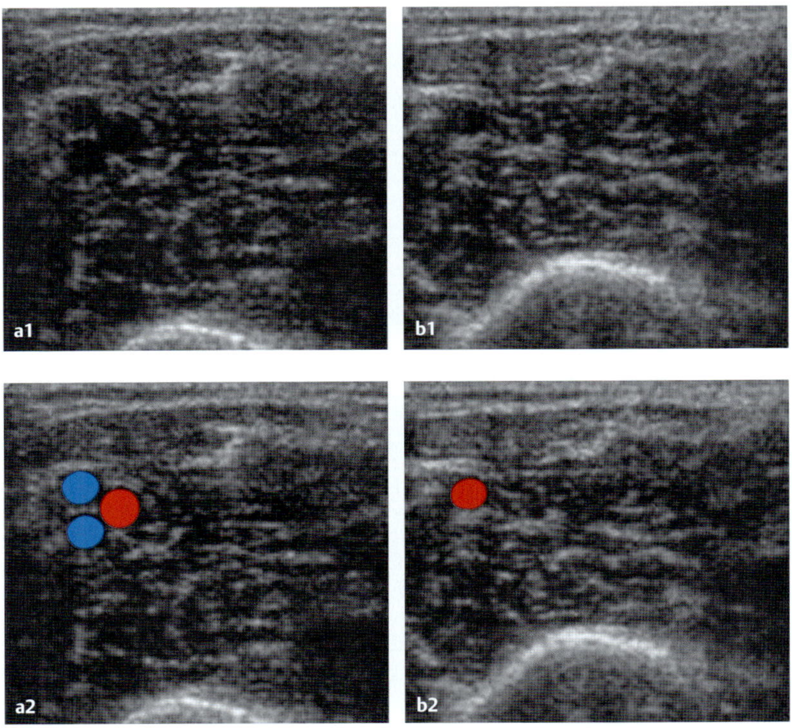

Abb. 2.**2 a** u. **b** Auch ohne Doppler-Funktion kann man Arterien und Venen einfach durch leichte Kompression mit dem Schallkopf unterscheiden.

Punktion von Gefäßen

Gefäße lassen sich selbst bis in den Millimeterbereich ultraschallgesteuert punktieren. In diesen Größenordnungen sind jedoch gute Vorkenntnisse und Erfahrung im Umgang mit der Sonografie jedoch erforderlich. Durch die sonografische Kontrolle sinkt die Rate der Komplikationen, wie z. B. die versehentliche arterielle Punktion oder Nervenirritation, was in der Literatur als triftiges Argument für die Anwendung des Ultraschalls angeführt wird.

Im klinischen Alltag wird in den meisten Fällen die ultraschallgesteuerte Punktion von Gefäßen zur Schallebene hin praktiziert. Mit der Querdarstellung von Punktionsnadel und Zielgefäß (Abb. 2.**3 a–c**) können beinahe alle in Frage kommenden ultraschallgeführten vaskulären Zugänge durchgeführt werden. Eine gleichzeitige Längsdarstellung von Kanüle und Gefäß (Abb. 2.**4 a–d**) gestaltet sich meist als sehr schwierig und bleibt daher Ausnahmen vorbehalten.

Literatur

1. Abboud PA, Kendall JL. Ultrasound guidance for vascular access. Emerg Med Clin North Am 2004;22:749-773.
2. Calvert N, Hind D, McWilliams R, Davidson A, Beverley CA, Thomas SM. Ultrasound for central venous cannulation: economic evaluation of cost-effectiveness. Anaesthesia 2004;59:1116.
3. Galloway S, Sharma A, Ward J, Bodenham AR. A review of an anaesthetic led vascular access list. Anaesthesia 2005;60:772-778.
4. Grebenik CR, Boyce A, Sinclair ME, Evans RD, Mason DG, Martin B. NICE guidelines for central venous access catheterization in children. Is the evidence base sufficient? Br J Anaesth 2004;92:827-830.
5. Haas NA. Clinical review: vascular access for fluid infusion in children. Crit Care 2004;8:478-484.
6. Hall AP, Russell WC. Toward safer central venous access: ultrasound guidance and sound advice. Anaesthesia 2005;60:1-4.
7. Martin MJ, Husain FA, Piesman M, Mullenix PS, Steele SR, Andersen CA, Giacoppe GN. Is routine ultrasound guidance for central line placement beneficial? A prospective analysis. Curr Surg 2004;61:71-74.
8. Sandhu NP, Sidhu DS. Mid-arm approach to basilic and cephalic vein cannulation using ultrasound guidance. Brit J Anasth 2004;93:292-294.
9. Scott DHT. It´s NICE to see in the dark. Brit J Anasth 2003;91:269-273.

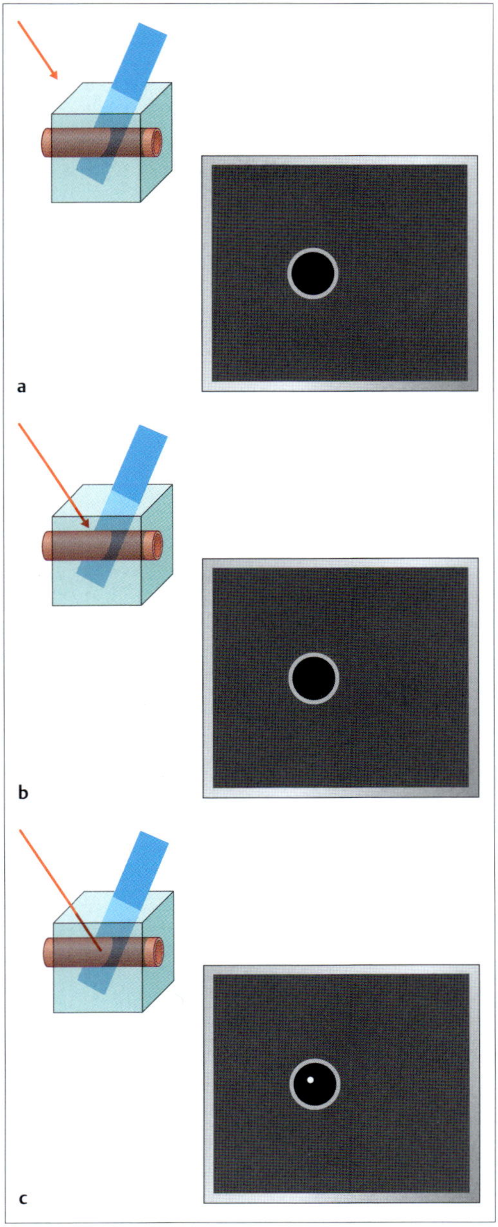

Abb. 2.**3 a–c** Schematische Darstellung einer Gefäßpunktion in Querdarstellung. Die Punktionsnadel wird dabei zur Schallebene geführt.

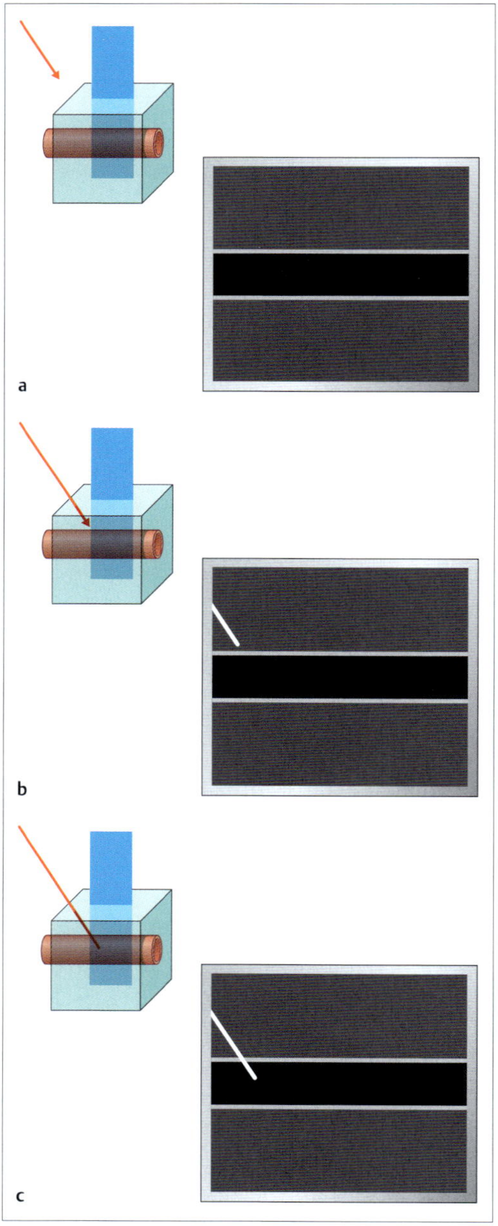

Abb. 2.**4 a–c** Schematische Darstellung einer Gefäßpunktion in Längsdarstellung. Die Punktionsnadel wird dabei in der Schallebene geführt.

2.2 Vena jugularis interna

Die sonografische Darstellung und anschließende Punktion der V. jugularis interna wurde in der Anästhesiologie und Intensivmedizin als eine der ersten Prozeduren beschrieben, bei denen sich die Ultraschalluntersuchung als hilfreich erwiesen hat, um den Punktionserfolg zu erhöhen und gleichzeitig die Komplikationsrate zu senken. Gerade bei frustranen Vorpunktionen, Gerinnungsstörungen, anatomischen Abweichungen sowie bei Säuglingen und Kindern wurde der Benefit des Ultraschalls bei der Punktion der V. jugularis interna mehrfach beschrieben.

Die Größe des Gefäßes und die Häufigkeit der Indikationsstellung zur Punktion prädestiniert die V. jugularis interna als „Einstiegsorgan" für ultraschallgeführte Prozeduren in der Anästhesiologie und Intensivmedizin.

Identifikation

Die sonografische Identifikation der V. jugularis interna wird durch deren relative Größe sowie oberflächliche Lage deutlich erleichtert und gelingt auch dem Anfänger. Als erstes sollte die Querdarstellung vorgenommen werden, und zwar möglichst auf Höhe des Krikoids (Abb. 2.**5 a, b**). Anschließend wird der Schallkopf nach kranial und kaudal verschoben, so dass man auch ausreichende Informationen über die Punktionsumgebung erhält. Danach kann die Vene noch in Längsrichtung abgebildet werden (Abb. 2.**6 a, b**), was in einigen Fällen nützlich ist, wie z. B. zur Detektion von Thromben oder zur Katheterdarstellung. Der günstigste Punktionsort wird so gewählt, dass die Lage der Vene im Verhältnis zur A. carotis optimal ist.

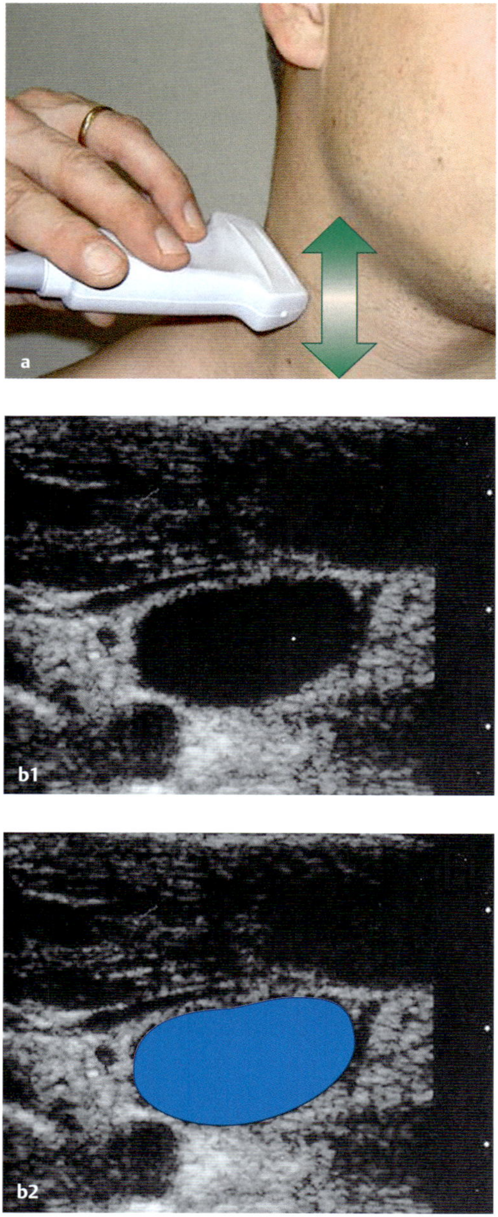

Abb. 2.**5 a** u. **b** Sonografische Darstellung der V. jugularis interna im Querschnitt:
a Position des Schallkopfes.

b Sonogramm.

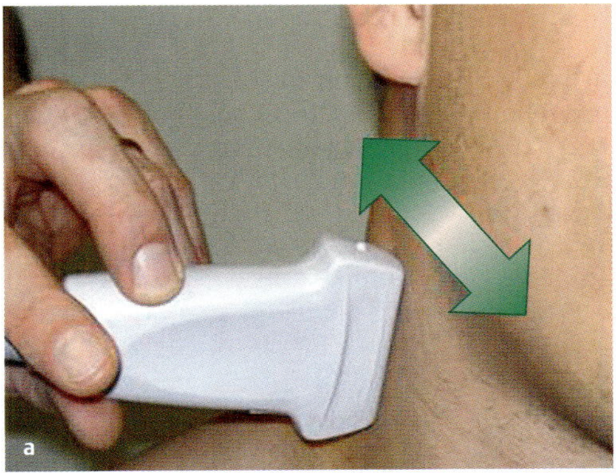

Abb. 2.**6 a** u. **b** Sonografische Darstellung der V. jugularis interna im Längsschnitt:
a Position des Schallkopfes.

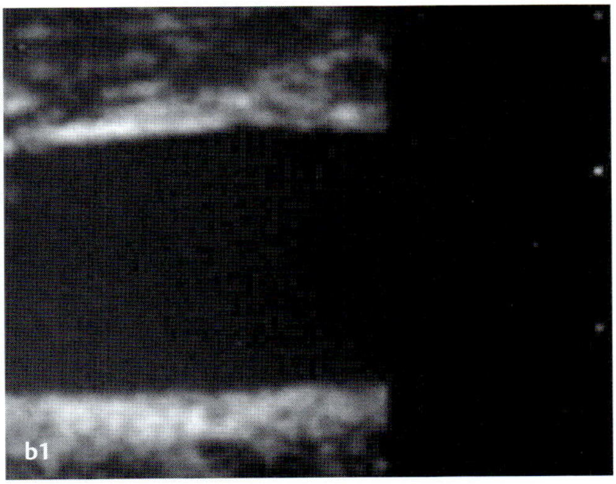

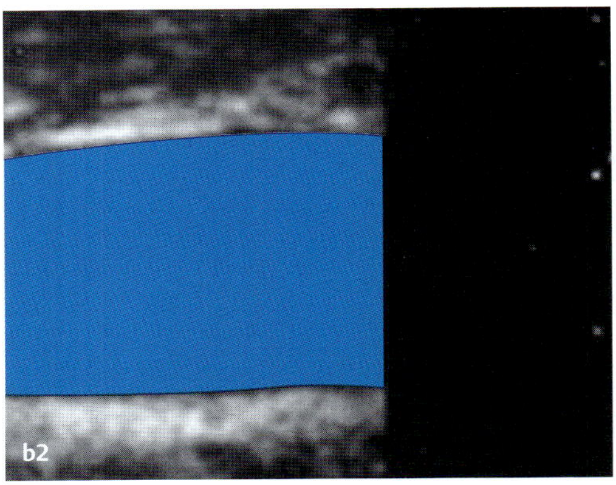

b Sonogramm.

Punktion

Die klinische Praxis hat gezeigt, dass zur Punktion der V. jugularis interna die Querdarstellung gewählt werden sollte. Nahezu alle Publikationen stimmen dieser Vorgehensweise zu. Die V. jugularis interna wird genau in der Mitte des Bildes projiziert. Mit einem Abstand von ca. 2 cm oberhalb des Schallkopfes kann die Puntkionsnadel durch die Haut penetriert und anschließend zur Vene vorgeführt werden (Abb. 2.**7a–e**). Zur sicheren sonografischen Darstellung der Kanüle ist zunächst ein Winkel von etwa 45 ° zu wählen. Durch leichte Kippbewegungen von Schallkopf und/oder Kanüle kann das Optimum der Schattendarstellung der Punktionsnadel empirisch ermittelt werden.

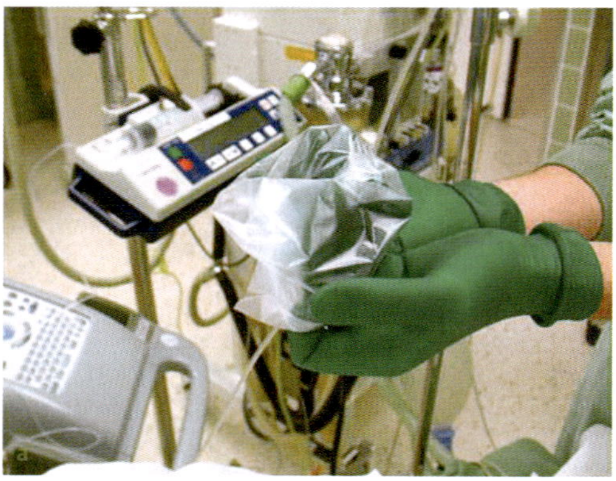

Abb. 2.**7 a–e** Punktion der V. jugularis interna:
a Sterile Umhüllung des Schallkopfes.

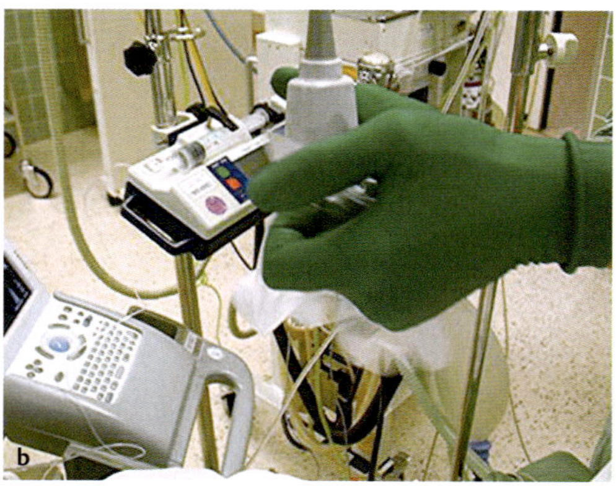

b Sterile Umhüllung des Schallkopfes zur anschließenden Gefäßpunktion.

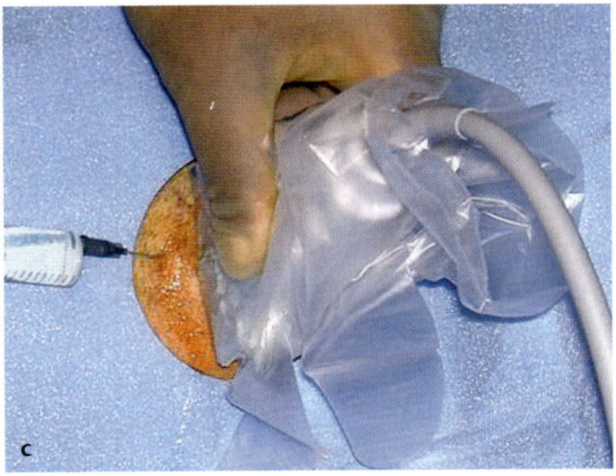

c Querdarstellung der Vena jugularis interna (parallel sukcutane Applikation von Lokalanästhetikum) unter sterilen Kautelen.

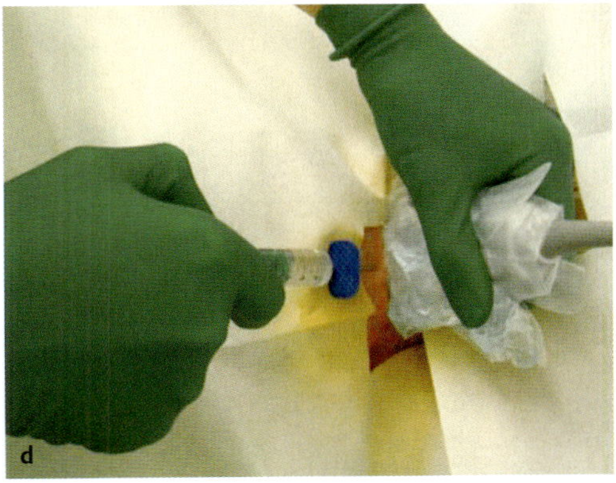

d Führung der Kanüle, Penetration etwa 2 cm oberhalb des Schallkopfes

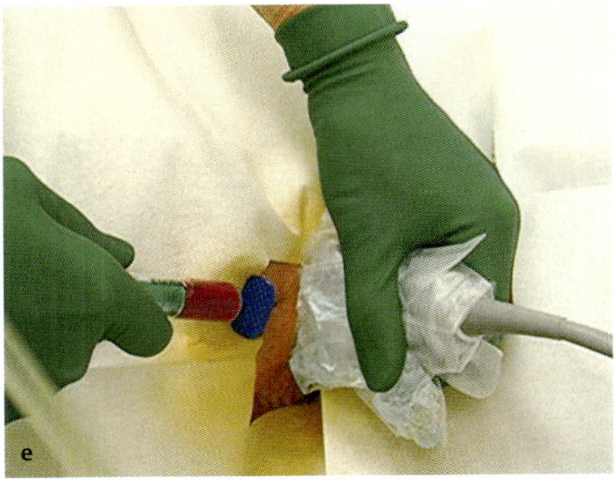

e Erfolgreiche Punktion der Vena jugularis interna mit Hilfe des Ultraschalls

Sehr häufig wird während des Vorschiebens der Kanüle (Abb. 2.**8 a–d**) die Vene leicht komprimiert. Unmittelbar nach Penetration der Venenwand lässt der Kompressionseffekt nach. Aufgrund der Dicke der Nadel tritt nicht selten unterhalb der Kanüle im Sonogramm ein Schatten auf, der durch Echophänomene oftmals hyperechogen imponiert. Hierbei sollte man sich im Klaren sein, dass es sich dabei nicht um eine längere Streckenabbildung der Kanüle handelt.

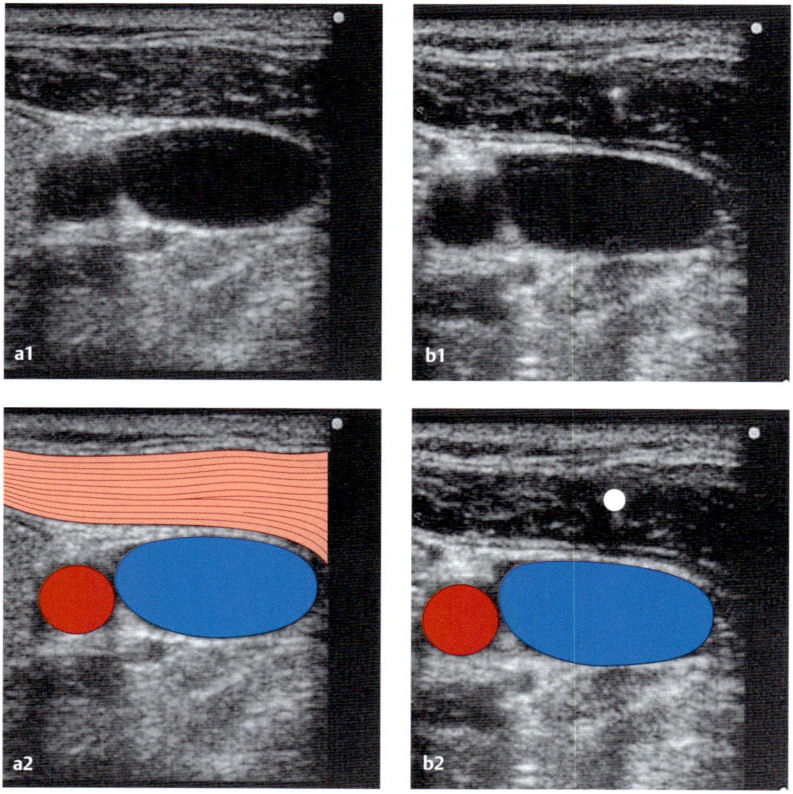

Abb. 2.**8 a–d** Punktion der V. jugularis interna im sonografischen Bild:

a Darstellung der V. jugularis interna, der A. carotis communis und des M. sternocleidomastoideus.

b Annäherung der Kanüle an das Gefäß.

Bei der Sonografie der V. jugularis interna treten immer wieder bestimmte Befunde auf, die verschiedene Konsequenzen nach sich ziehen können. Am häufigsten sind:

- **Variation der Lage:** Bis zu 6 % der Patienten weisen eine Abweichung der Lage der V. jugularis interna in Bezug auf die A. carotis communis auf. Oft ist dabei die Vene ventral der Karotis positioniert, in manchen Fällen sogar medial. **Cave:** Falsche Führung und Haltung des Schallkopfes können bei sonst normaler Lage der Halsgefäße Variationen vortäuschen!

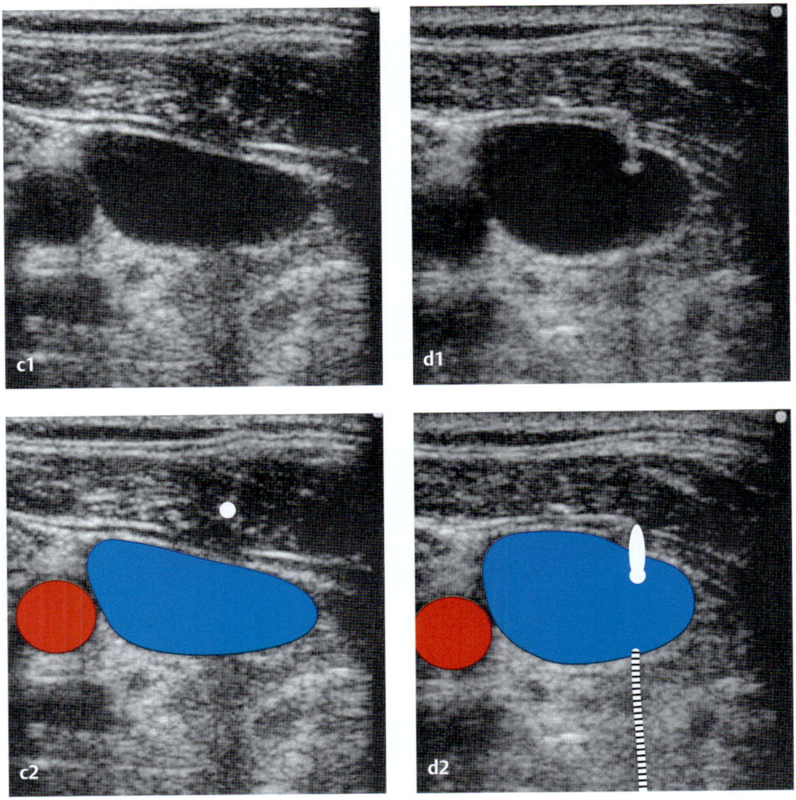

c Kompression des Gewebes durch die Kanülierung.
d Eindringen der Kanüle in das Gefäß.

- **Thromben:** Insbesondere bei vorpunktierten Patienten liegen nicht selten Thromben vor (Abb. 2.**9**, 2.**10 a, b**, 2.**11**, 2.**12**), die ab einer bestimmten Größe die Anlage zentralvenöser Katheter erheblich limitieren bzw. gänzlich unmöglich machen. In der klinischen Praxis hat es sich bewährt, ab einer Thrombengröße, die etwa der Hälfte des Venenquerschnitts entspricht, auf die Punktion zu verzichten und auf alternative Punktionsorte auszuweichen.
- **Kollapsneigung:** Die Kollapsneigung der V. jugularis interna ist ebenfalls ein recht häufiges Phänomen. Sie kann sich hauptsächlich bei einer Dehydratation bzw. Hypovolämie manifestieren oder sich infolge einer Hämatombildungen nach Vorpunktionen entwickeln, wobei die Vene vom Hämatom regelrecht ummauert wird (Abb. 2.**13 a, b**). Bei Dehydratation kann nach Hydrierung im Intervall eine erneute sonografische Kontrolle mit anschließendem ultraschallgesteuertem Punktionsversuch durchgeführt werden.

Literatur

1. Alderson PJ, Burrows FA, Stemp LI, Holtby HM. Use of ultrasound to evaluate internal jugular vein anatomy and to facilitate central venous cannulation in paediatric patients. Brit J Anaesth 1993;70:145-148.
2. Braß P, Volk O, Leben J, Schregel W. Zentralvenöse Punktion – nur noch mit Ultraschall? Anästhesiol Intensivmed Notfallmed Schmerzther 2001;36:619-627.
3. Brederlau J, Greim C, Schwemmer U, Haunschmid B, Markus C, Roewer N. Ultrasound-guided cannulation of the internal jugular vein in critically ill patients postioned in the 30 degrees dorsal elevation. Eur J Anaesthesiol 2004;21:684-687.
4. Chuang WX, Wei W, Yu L. A randomized-controlled study of ultrasound prelocation vs. anatomical landmark-guided cannulation of the internal jugular vein in infants and children. Paediatr Anaesth 2005;15:733-738.
5. Denys BG, Uretsky BF. Anatomical variations of internal jugular vein location: Impact on central venous access. Crit Care Med 1991;19:1516-1519.
6. Galloway S, Bodenham A. Long-term central venous access. Brit J Anaesth 2004;92:722-734.
7. Gann M, Sardi A. Improved results using ultrasound guidance for central venous access. Am Surg 2003;69:1104-1107.
8. Grebenik CR, Boyce A, Sinclair ME, Evans RD, Mason DG, Martin B. NICE guidelines for central venous catheterization in children. Is the evidence base sufficient? Brit J Anaesth 2004;92:827-830.
9. Hatfield A, Bodenham A. Portable ultrasound for difficult central venous access. Brit J Anaesth 1999;82:822-826.
10. Lichtenstein D, Saifi R, Augarde R, Prin S, Schmitt JM, Page B, Pipien I, Jardin F. The internal jugular veins are asymmetric. Usefulness of ultrasound before catheterization. Intensive Care Med 2001;27:301-305.
11. Oguzkurt L, Tercan F, Kara G, Torun D, Kizilkilic O, Yildirim T. US-guided placement of temporary internal jugular vein catheters: immediate technical success and complications in normal and high-risk patients. Eur J Radiol 2005;55:125-129.

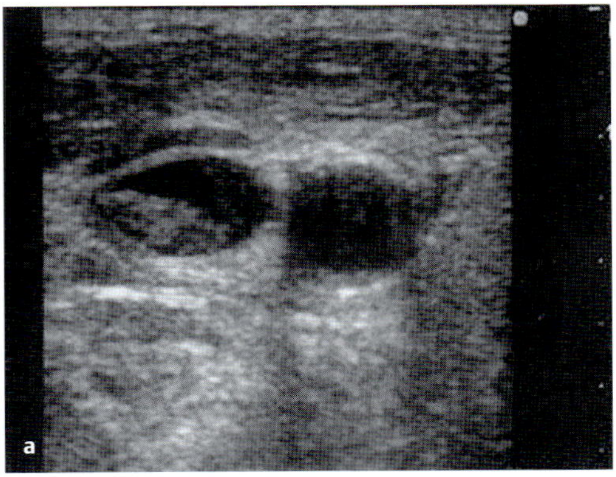

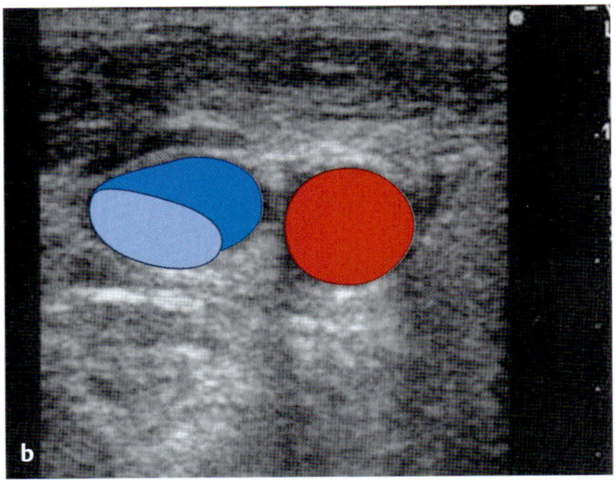

Abb. 2.**9 a** u. **b** Teilthrombosierung der V. jugularis interna, die die Gefäßpunktion limitieren kann.

12. Parry G. Trendelenburg position, head elevation and a midline position optimize right internal jugular vein diameter. Can J Anesh 2004;51:379-381.
13. Randolph AG, Cook DJ. Ultrasound guidance for placement of central venous catheters: A meta-analysis of the literature. Crit Care Med 1996;24:2053-2058.
14. Riopelle JM, Ruiz DP, Hunt JP, Mitchell MR, Mena JC, Rigol JA, Jubelin BC, Riopelle AJ, Kozmenko VV, Miller MK. Circumferential adjustment of ultrasound probe position to determine the optimal approach to the internal jugular vein: a noninvasive geometric study in adults. Anesth Analg 2005;100:512-519.
15. Scott DHT. It´s NICE to see in the dark. Brit J Anasth 2003;91:269-273.
16. Troianos CA, Jobes DR, Ellison N. Ultrasound guided cannulation of the internal jugular vein. Anaesthesiology 1990;73:451.
17. Turba UC, Uflacker R, Hannegan C, Selby JB. Anatomic relationship of the internal jugular vein and the common carotid artery applied to percutaneous transjugular procedures. Cardiovasc Intervent Radiol 2005;28:303-306.
18. Verghese ST, McGill WA, Patel RI, Sell JE, Midgley FM, Ruttimann UE. Ultrasound-guided internal jugular venous cannulation in infants: a prospective comparison with the traditional palpation method. Anesthesiology 1999;91:71-77.

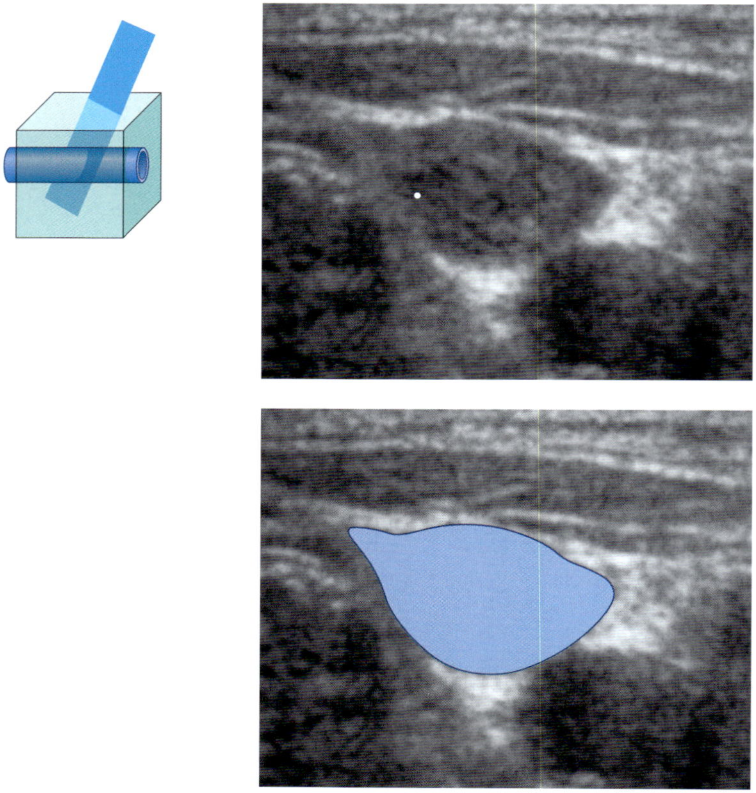

a

Abb. 2.**10 a** u. **b** Komplette Thrombosierung der V. jugularis interna:
a Querdarstellung.

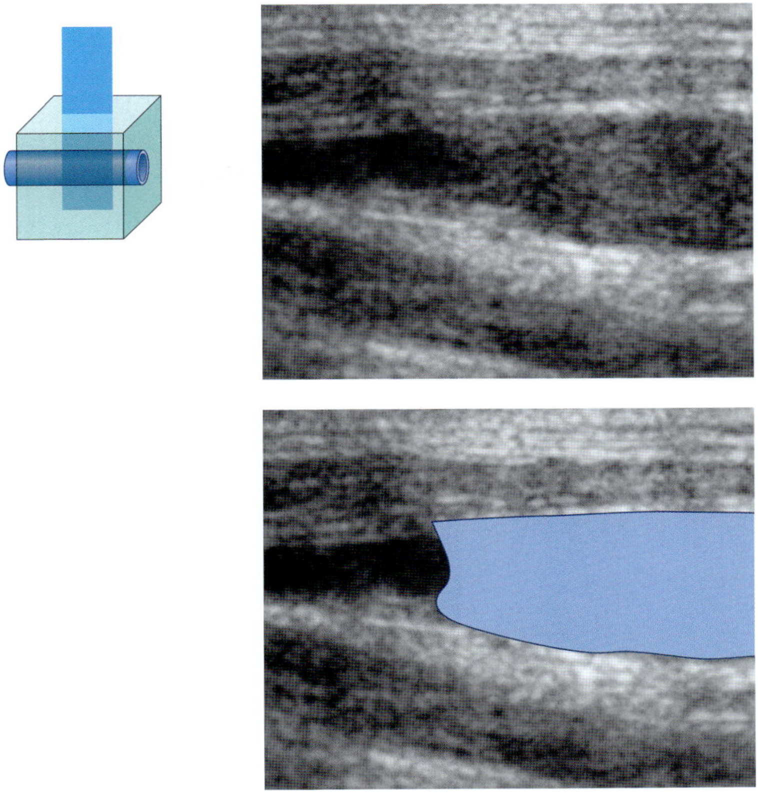

b

b Längsdarstellung.

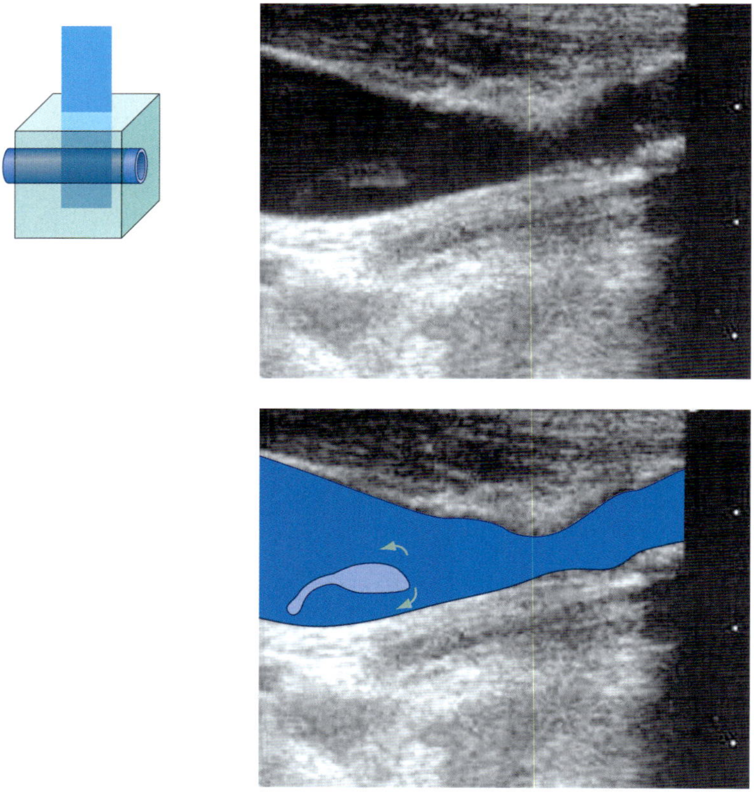

Abb. 2.**11** Flottierender Thrombus in der V. jugularis interna (Längsdarstellung).

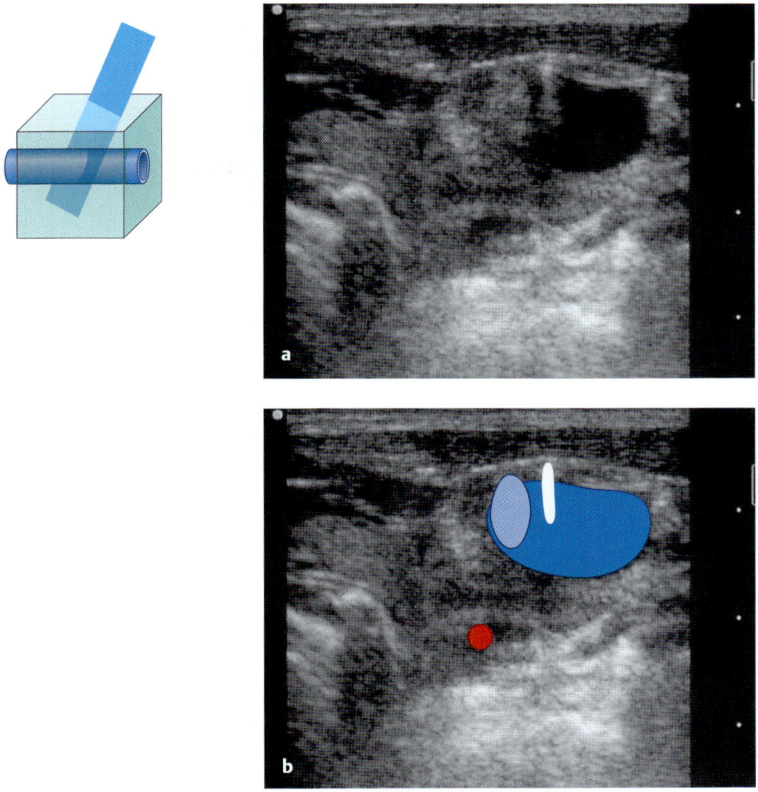

Abb. 2.**12 a** u. **b** Mandrin-Darstellung in einer teilthrombosierten V. jugularis interna.

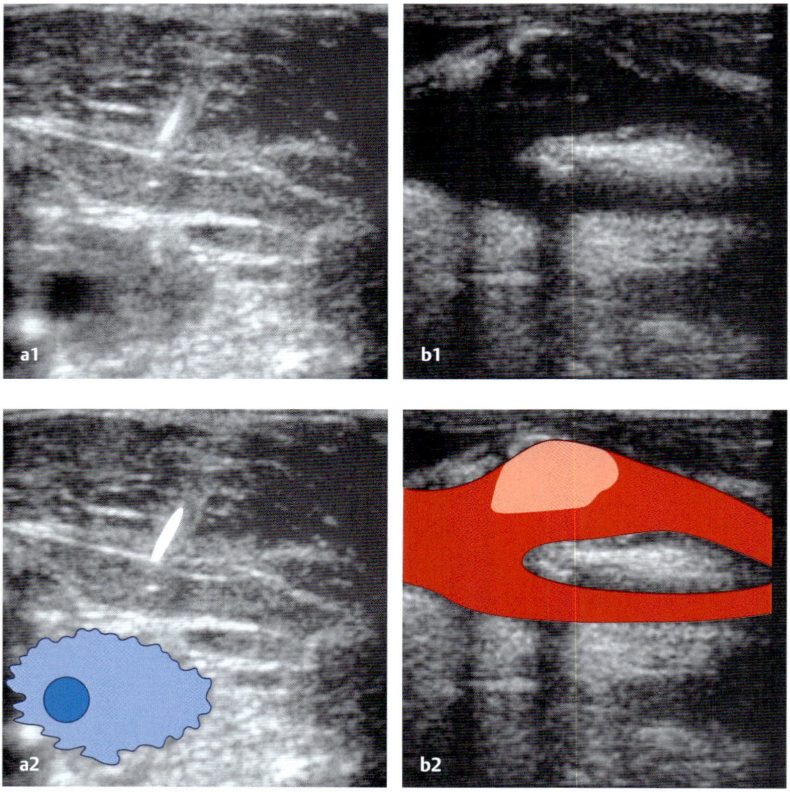

Abb. 2.**13 a** u. **b**

a Eine Punktionskanüle wird ultraschallgesteuert zur V. jugularis interna vorgeführt, deren Lumen durch ein perivaskuläres Hämatom verkleinert ist.

b Flottierender Thrombus an der A. carotis interna, der als Nebenbefund immer wieder bei ultraschallgesteuerten Punktionen von Gefäßen in Erscheinung treten kann.

2.3 Vena subclavia

Die V. subclavia wird – neben der V. jugularis interna – sehr häufig zur Anlage zentralvenöser Katheter verwendet. Aufgrund der Nähe zur Pleura und großer anatomischer Variationen sind bei der Punktion der V. subclavia eine Vielzahl von Komplikationsmöglichkeiten beschrieben worden, wie die versehentliche Entwicklung eines Pneumothorax oder die unbeabsichtigte Punktion der A. subclavia mit einer Inzidenz von 0,3–20 %. Diese Komplikationen haben erheblich mit dazu beigetragen, dass alternative Punktionsorte wie die V. jugularis interna favorisiert werden.

Die Sonografie ist bei der Punktion der V. subclavia eine große Hilfe. Allerdings ist die Punktion durch den ungünstigen Beschallungswinkel und die Nähe ossärer Strukturen häufig erschwert. Trotzdem kann die Ultraschalluntersuchung bei erschwerten Punktionsverhältnissen eine Reihe von Hinweisen und Informationen geben. Eine klare Empfehlung zur routinemäßigen Anwendung der Sonografie bei der Punktion der V. subclavia kann aufgrund der noch spärlichen Datenlage derzeit nicht gegeben werden.

Identifikation

Der Schallkopf wird infraklavikulär parallel zur Klavikula aufgesetzt (Abb. 2.**14 a, b**) und anschließend leicht nach kranial gekippt. In dieser Position lässt sich die A. subclavia meist gut in Relation zur V. subclavia erkennen. Eine entsprechende Anwendung der Doppler-Funktion kann die Differenzierung erheblich erleichtern. Auch die Pleura kann in dieser Schallkopfposition erkannt werden; sie erscheint aufgrund von Luftansammlungen hypoechogen.

Punktion

Die Nähe der Klavikula und/oder der ersten Rippe sowie der ungünstige Winkel erschweren die gleichzeitige Darstellung von Gefäß und Punktionsnadel. Oft lässt sich die Position der Kanüle lediglich durch die Gewebeverdrängung und Verschiebung der anatomischen Schichten ausmachen. Ob die Punktionsnadel in oder zur Schallebene bei der Punktion der V. subclavia geführt werden muss, ist bislang noch nicht eindeutig entschieden. In den meisten Publikationen wird die Punktionsnadel aus Praktikabilitätsgründen zur Schallebene vorgeschoben, d. h. sonografisch quer dargestellt (Abb. 2.**15**).

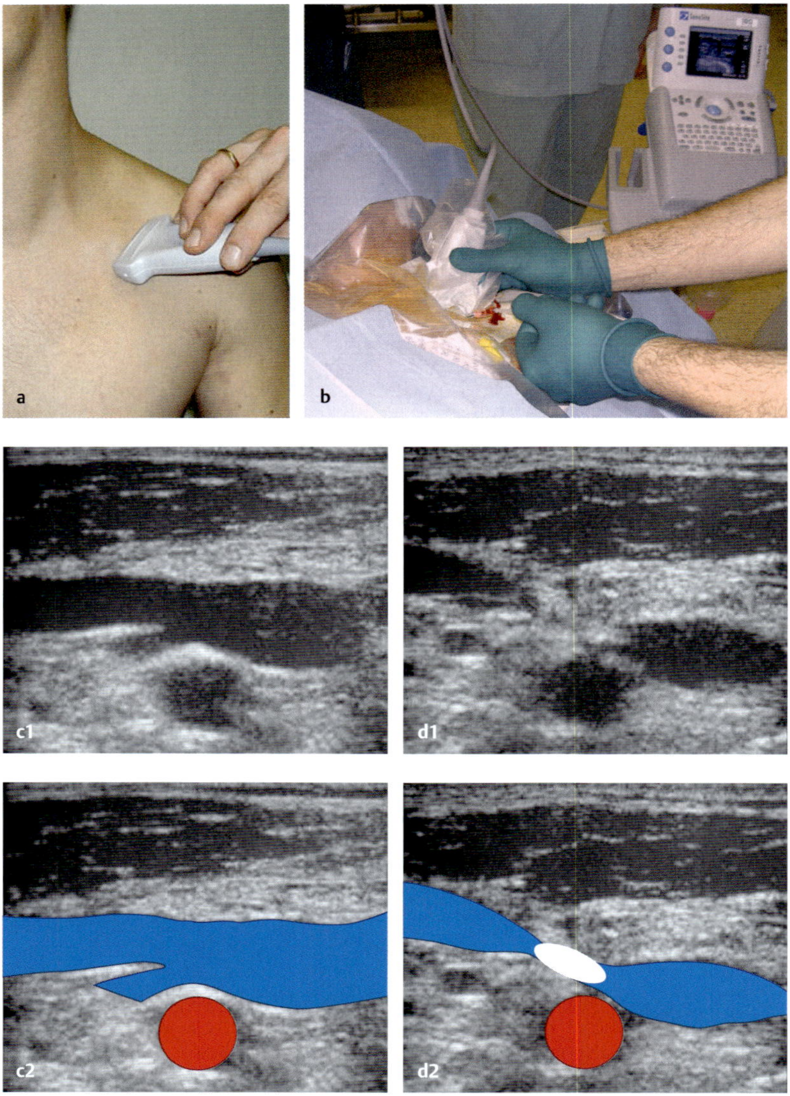

Abb. 2.**14 a–d** Position des Schallkopfes zur sonografischen Darstellung subklavikulärer Gefäße. Längsdarstellung der V. sublavia vor (**c**) und während (**d**) des Punktionsvorganges.

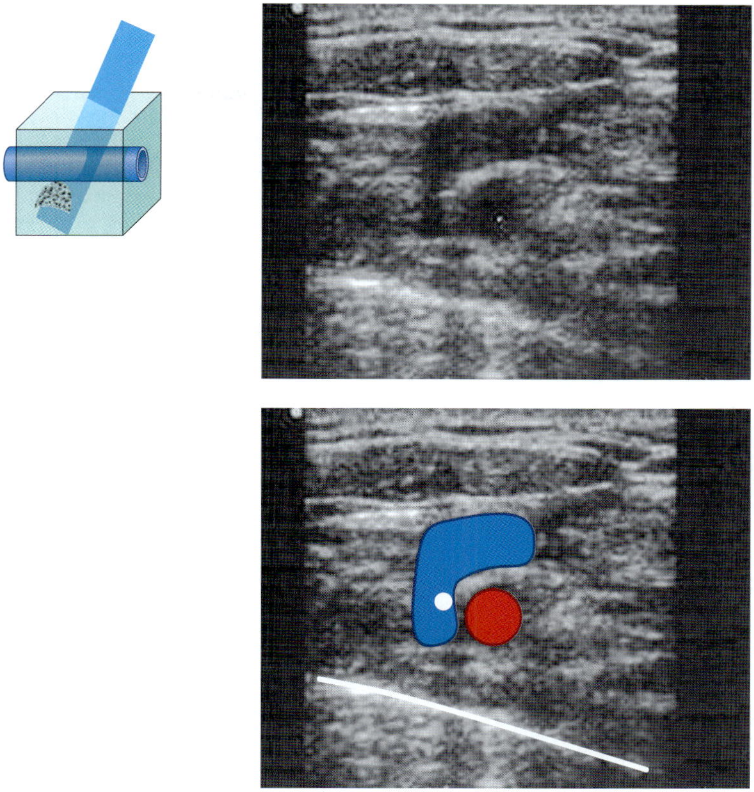

Abb. 2.**15** Katheter in der V. subclavia in Querdarstellung.

Die Möglichkeit relativ schwer wiegender Komplikationen (z. B. Fehlpunktion der A. subclavia, Abb. 2.**16**) und die recht anspruchsvolle ultraschallgesteuerte Vorgehensweise bei der Punktion der V. subclavia haben einige Arbeitsgruppen veranlasst, basierend auf sonografischen Befunden die Punktion der Vene weiter lateral durchzuführen, wodurch sich die Distanz zur Pleura und zur Wand der Arterie vergrößert.

Alternativ zur ultraschallgeführten Punktion der V. subclavia kann auch die Punktion der infraklavikulär lokalisierten axillären Vene unter sonografischer Kontrolle in Betracht gezogen werden (s. u.). Analog dazu wurde durch die Arbeitsgruppe um Kapral und Marhofer anhand von sonografischen Befunden die infraklavikuläre Blockade des Plexus brachialis ebenfalls nach lateral korrigiert. Dies ist ein weiteres Beispiel dafür, dass durch die Anwendung des Ultraschalls viele Techniken modifiziert werden können, um ein Optimum an Erfolg zu erhalten und gleichzeitig die Komplikationen zu verringern.

Literatur

1. Brooks AJ, Alfredson M, Pettigrew B, Morris DL. Ultrasoud-guided insertion of subclavian venous access ports. Ann R Coll Surg Eng 2005;87:25-27
2. Eerola R, Kaukinen L, Kaukinen S. Analysis of 13,800 subclavian vein catheterizations. Acta Anaesthesiol Scand 1985;29:193-197.
3. Galloway S, Bodenham A. Ultrasound imaging of the axillary vein – anatomical basis for central venous access. Brit J Anaesth 2003;90:585-595.
4. Gualtieri E, Deppe SA, Sipperly ME, Thompson DR. Subclavian venous catheterization: greater success rate for les experinced operators using ultrasound guidance. Crit Care Med 1995;23:692-697.
5. Haire WD, Lieberman RP. Defining the risks of subclavian-vein catheterization. N Engl J Med 1994;331:1769-1770.
6. Kawamura R, Okabe M, Nawikawa K. Subclavian vein puncture under ultrasonic guidance. J Parenter Enter Nutr 1987;11:505-506.
7. Lefrant JY, Cuvillon P, Benezet JF, Dauzat M, Peray P, Saissi G, de La Coussaye JE, Eledjam JJ. Pulsed Doppler ultrasonography guidance for catheteriation of the subclavian vein: a randomized study. Anesthesiology 1998;88:1195-1201.
8. Machi J, Takeda J, Kakegawa T. Safe jugular and subclavian venipuncture under ultrasonographic guidance. Am J Surg 1987;153:321-323.
9. Orihashi K, Imai K, Sato K, Hamamoto M, Okada K, Sueda T. Extrathoracic subclavian venipuncture under ultrasound guidance. Circ J 2005;69:1111-1115.
10. Sharma A, Bodenham AR, Mallick A. Ultrasound-guided infraclavicular axillary vein cannulation for central vein access. Brit J Anaesth 2004;93:188-192.

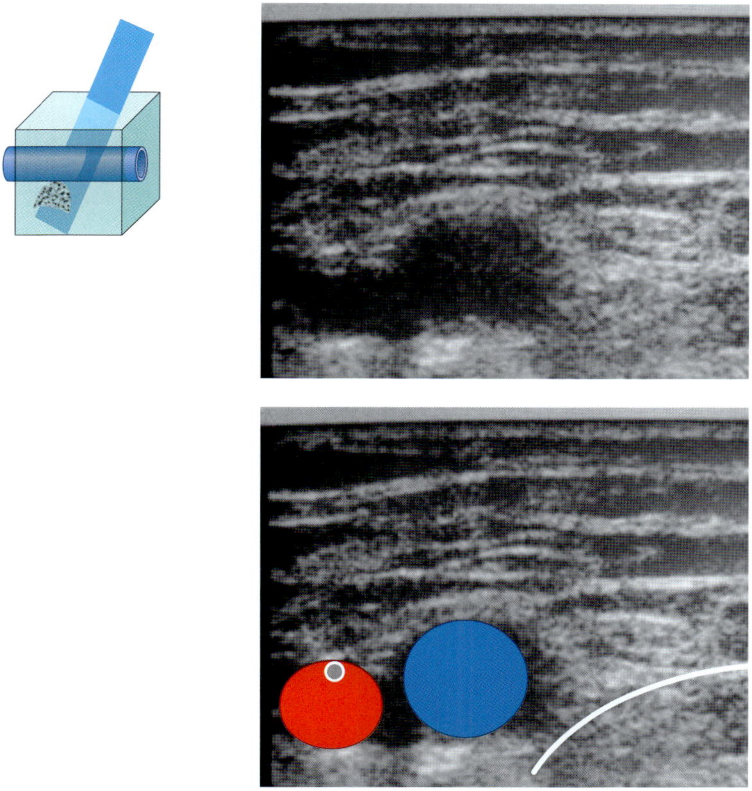

Abb. 2.**16** Katheter in der A. subclavia in Querdarstellung.

2.4 Vena axillaris

Die Punktion der V. axillaris ist eine selten angewandte Möglichkeit zum Anlegen zentralvenöser Katheter und wird in nur in wenigen Zentren praktiziert. In Ausnahmefällen, insbesondere bei fehlender Möglichkeit eines anderen Zugangs, kann die V. axillaris nach sonografischer Visualisierung als Alternative in Betracht gezogen werden. Neben der originären Punktion in der Regio axillaris kann die V. axillaris auch im infraklavikulären Bereich ultraschallgestützt punktiert werden.

Identifikation

Die sonografische Identifikation der V. axillaris in der Axilla-Region gestaltet sich meist leicht, insbesondere bei Verwendung der Doppler-Funktion (Abb. 2.**17**, 2.**18**). Häufig werden mehrere Venen neben der A. axillaris identifiziert, insbesondere bei Perfusionsänderungen, z. B. bei Dialyse-Patienten nach Shunt-Anlage (Abb. 2.**19**). Außerdem besitzt die V. axillaris eine leichte Kollapsneigung schon bei geringstem Auflagedruck.

Infraklavikulär kann bei adipösen Patienten die sonografische Identifikation der V. axillaris gelegentlich eingeschränkt sein.

Punktion

Zur ultraschallgestützten Punktion bietet sich die Querdarstellung der V. axillaris an. Dies gilt sowohl für die Punktion in der Axilla-Region als auch für den transpektoralen Zugang. Je tiefer die Vene liegt, desto ungünstiger erscheint der Winkel zur Punktion und zum Einführen des Katheters.

Literatur

1. Galloway S, Bodenham A. Ultrasound imaging of the axillary vein – anatomical basis for central venous access. Br J Anaesth 2003;90:589-595.
2. Lewinshohn G, Leonoy E, Klinowski E. Ultrasound guided central cannulation via the axillary vein. Medicine Intensive 1993;17:222.
3. Maritn C, Auffray JP, Saux P, Albanese J, Gouin F. The axillary vein: an alternative approach for percutaneous pulmonary artery cateterisation. Chest 1996;90:694-697.
4. Sandhu NS. Transpectoral ultrasound-guided catheterization of the axillary vein: an alternative to standard catheterization of the subclavian vein. Anesth Analg 2004;99:183-187.
5. Schregel W, Höer H, Radtke J, Cunitz G. Ultraschallunterstützte Punktion der Vena axillaris bei Intensivpatienten. Anaesthesist 1994;43:674-679.

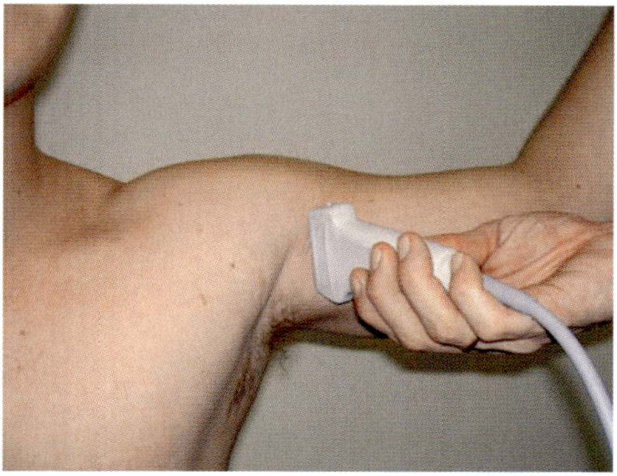

Abb. 2.**17** Position des Schallkopfes in der Regio axillaris zur sonografischen Darstellung von Gefäßen.

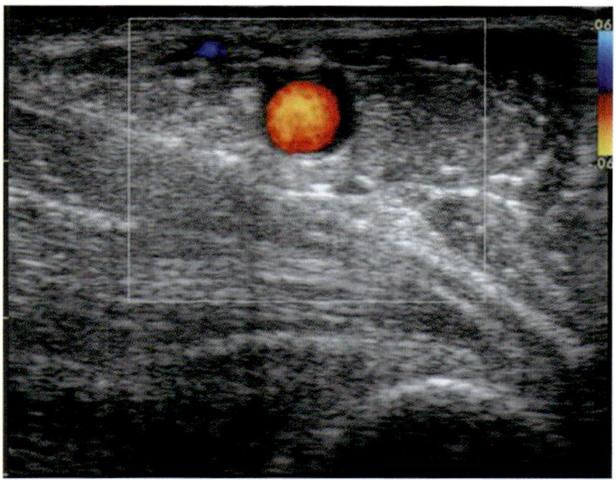

Abb. 2.**18** Sonografische Darstellung der axillären Gefäße mit Hilfe der Doppler-Funktion.

6. Sharma A, Bodenham AR, Mallick A. Ultrasound-guided infraclavicular axillary vein cannulation central venous access. Br J Anaesth 2004;93:188-192.
7. Yeow KM, Kaufman JA, Rieumont MJ, Geller SC, Waltman AC. Axillary vein puncture over the second rib. Am J Roentgenol 1998;170:924-926.

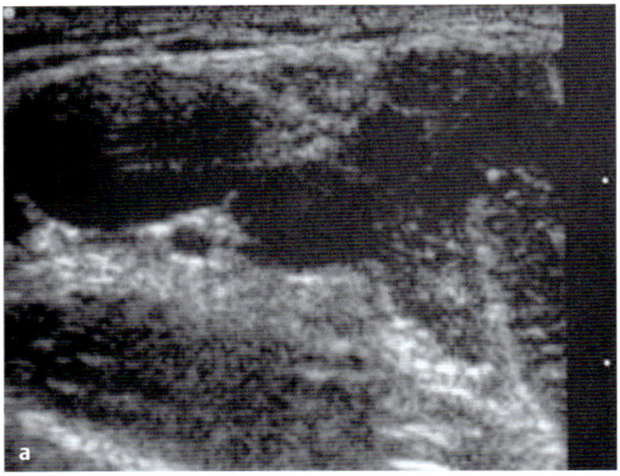

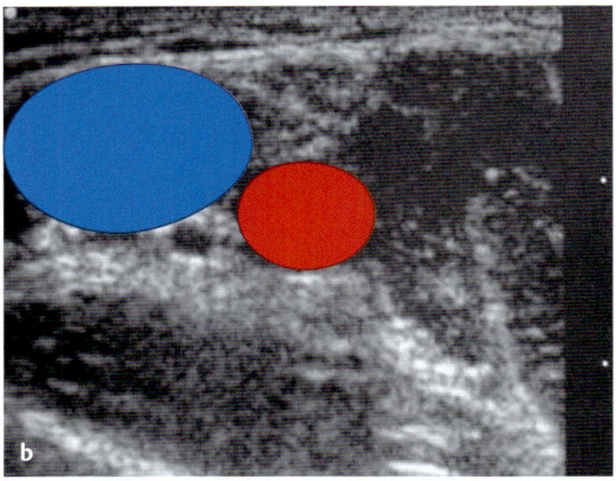

Abb. 2.**19 a** u. **b** Ausgeprägte Diameter-Erweiterung der V. axillaris durch Perfusionsänderungen bei Patienten mit Shunt an der oberen Extremität.

2.5 Vena femoralis

Die Punktion der V. femoralis wird in vielen Situationen als alternativer Zugang gewählt (Abb. 2.**20 a, b**), wie z. B. im Rahmen eines Nierenersatz-Verfahrens. Der Vorteil liegt sicherlich in der relativ einfachen Zugangsmöglichkeit, die jedoch gelegentlich durch Adipositas oder erschwerte hygienische Verhältnisse limitiert sein kann. Zusätzlich können auch anatomische Variationen den Punktionserfolg stark einschränken, so dass sonografisch gewonnene Informationen über Lage und Erfolgsaussicht hilfreich sind (Abb. 2.**21**). Mit Hilfe der ultraschallgestützten Voruntersuchung lässt sich auch ermitteln, welche Punktionsstelle genau unter welchem Winkel am erfolgreichsten erscheint.

Identifikation

Der Schallkopf wird in aller Regel quer zu den inguinalen Gefäßen gehalten. Die Längsdarstellung der Gefäße in der Leiste ist technisch nicht immer machbar und für die Punktion selbst deutlich anspruchsvoller, aber ohne Gewinn an Information oder Benefit. Eine entsprechende Anwendung der Doppler-Funktion vermag auch hier die Verifizierung erheblich erleichtern. Ebenfalls kann aus dieser Position die Beziehung zur A. femoralis leicht erkannt werden, was die Wahrscheinlichkeit einer versehentlich arteriellen Punktion reduziert.

Punktion

Die Punktionskanüle wird distal des Schallkopfes zur Schallebene hin geführt. Zu Beginn des Punktionsvorganges kann die Position der Nadel oft nur anhand der Gewebeverdrängung und Verschiebung der anatomischen Schichten ausgemacht werden. Meist wird der Schatten der Punktionsnadel erst in unmittelbarer Nähe zur V. femoralis gesichtet. Durch das Vorschieben der Kanüle und den Auflagedruck des Schallkopfes auf der Haut kollabiert die Vene – insbesondere bei Dehydratation –, was den Punktionsvorgang limitieren kann. Durch Reduktion des Auflagedruckes und vorsichtiges Dirigieren der Nadel lässt sich die Vene aber auch in diesen Fällen erfolgreich punktieren.

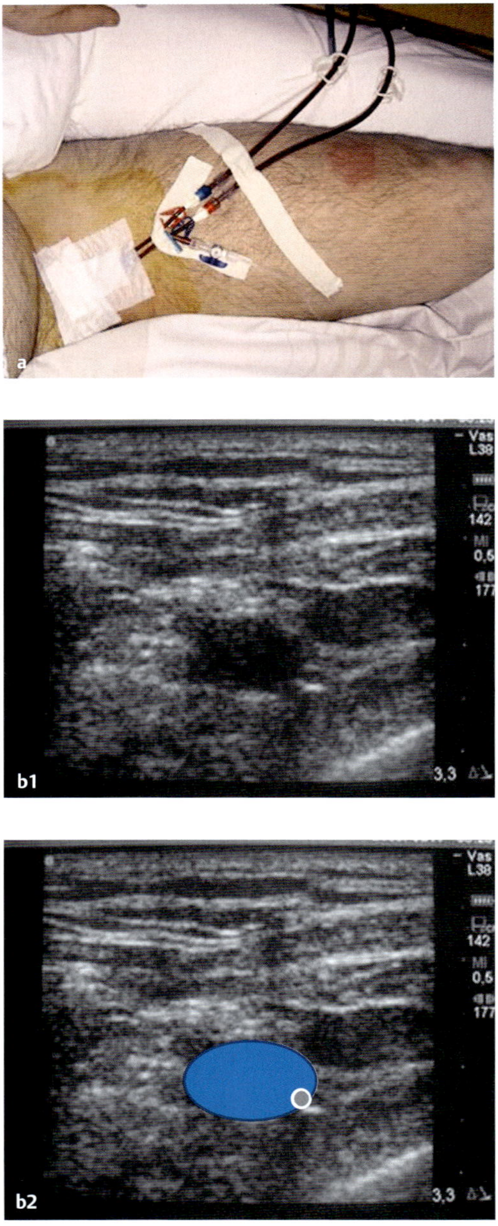

Abb. 2.**20 a** u. **b** Punktion der V. femoralis:

a Ultraschallgestützt platzierter Shaldon-Katheter in der V. femoralis.

b Entsprechende sonografische Gefäßdarstellung.

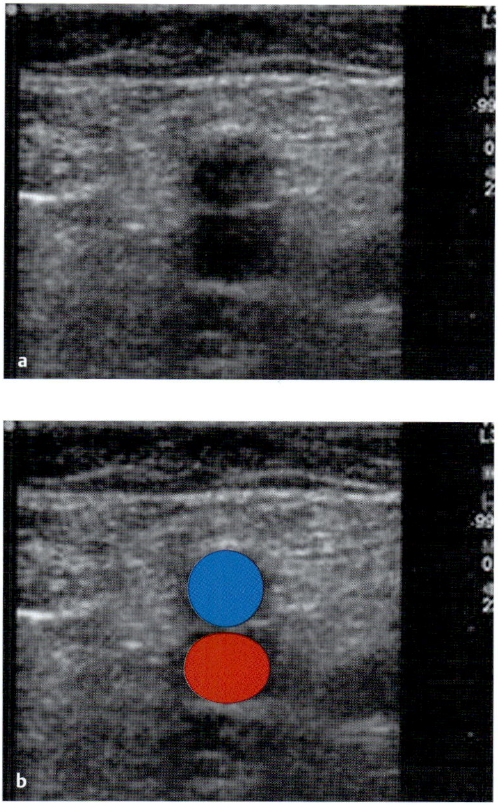

Abb. 2.**21 a** u. **b** Ungünstige Position der Leistengefäße für eine Punktion. Via Ultraschall kann hier eine Punktion unter Sicht hilfreich sein.

Literatur

1. Hartle E, Colon P, Carsten R, Schwab SJ. Ultrasound guided cannulation of the femoral vein for acute hemodialysis access. J Am Soc Nephrol 1993;4:352
2. Hughes P, Scott C, Bodenham A. Ultrasonography of the femoral vessels in the groin: imlications for vascular access. Anaesthesia 2000; 55:1198.
3. Kwonn TH, Kim YL, Chon DK. Ultrasound-guided cannulation of the femoral vein for acute hemodialysis access. Nephrol Dial Transplant 1997;12:1009-1012.
4. Sutin KM, Schneider C, Sandhu NS, Capan LM. Deep venous thrombisis revealed during ultrsound-guided femoral nerve block. Brit J Anaesth 2005;94:247-248.

2.6 Weitere venöse Gefäße

Hierzu s. Abb. 2.**22** und 2.**23**

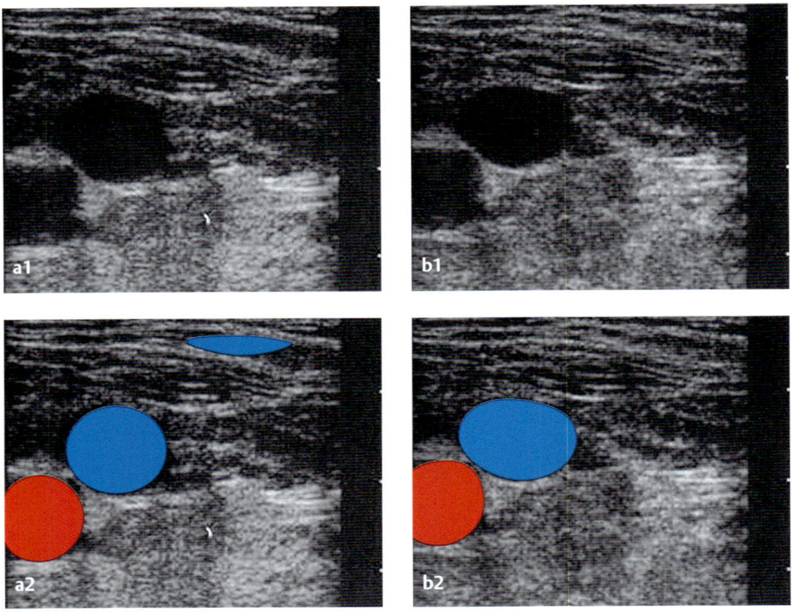

Abb. 2.**22 a** u. **b** Darstellung der Vena jugularis externa; selbst bei Kollapsneigung können diese via Ultraschall punktiert werden.

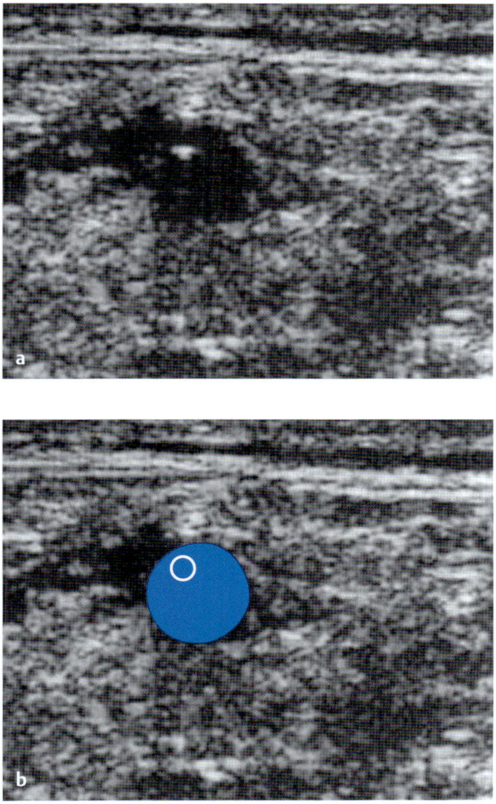

Abb. 2.**23 a** u. **b** Sonografische Darstellung eines venösen Zuganges in der Vena jugularis externa.

2.7 Arteria axillaris

Eine Punktion der A. axillaris zum invasiven Monitoring ist meist nur Ausnahmen vorbehalten, z. B. bei mehrfacher Fehlpunktion bzw. vorliegender Kontraindikation an anderen Punktionsorten. Bei sonografischer Kontrolle ist ein deutlicher Informationsgewinn gegeben, einerseits bezüglich der Lage der Arterie, andererseits hinsichtlich der Darstellung der benachbarten Nerven, so dass sich neurologische Komplikationen vermeiden lassen.

Identifikation

Theoretisch kann die A. axillaris sowohl in Längs- als auch in Querrichtung dargestellt werden. Aufgrund der anatomischen Gegebenheiten ist die Querdarstellung deutlich leichter zu bewerkstelligen. Zur Detektion der Arterie ist die Verwendung der Doppler-Funktion nicht zwingend erforderlich, sie kann aber gelegentlich das Auffinden erleichtern. Es bietet sich auch in dieser Darstellung an, die verschiedenen Nerven zu identifizieren.

Punktion

Die unter sterilen Kautelen praktizierte ultraschallgesteuerte Punktion der A. axillaris in Querdarstellung (Abb. 2.**24 a–e** und 2.**25**) wird ähnlich der Blockade des axillären Plexus brachialis durchgeführt. Bei Bedarf kann die Kanüle zwischen zwei Nerven vorgeschoben werden, um Irritationen von Nerven zu vermeiden. In der Regel gelingt die Punktion mit Hilfe des Ultraschalls leicht, da die Arterie keine ausgeprägte Kollapsneigung aufweist wie die Venen.

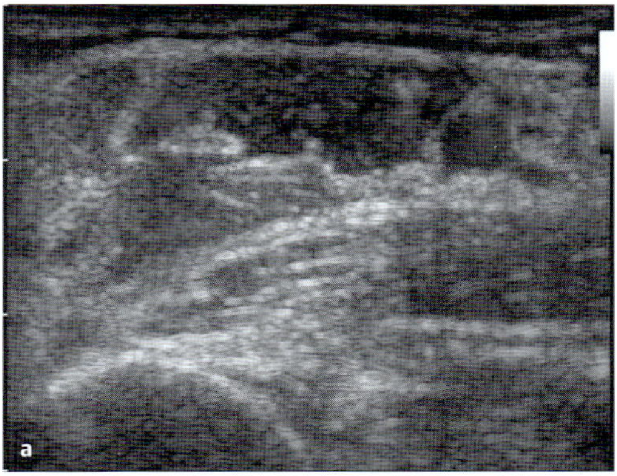

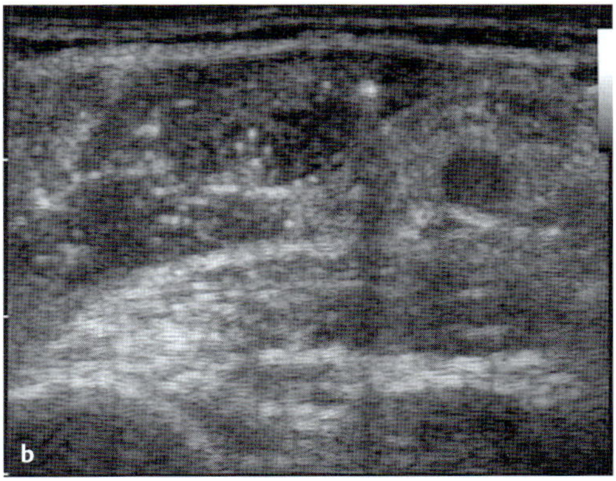

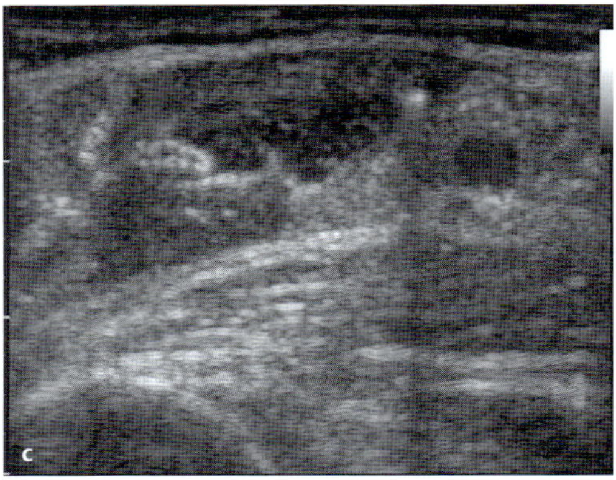

Abb. 2.**24 a–e** Punktion der A. axillaris mittels Ultraschall-Führung in Querdarstellung.

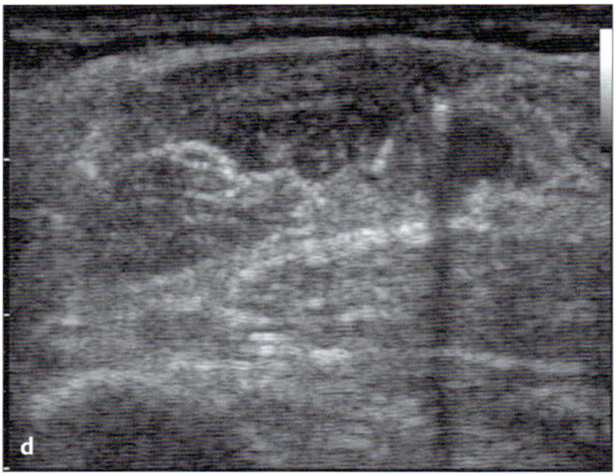

Abb. 2.**24 a–e** Punktion der A. axillaris mittels Ultraschall-Führung in Querdarstellung.

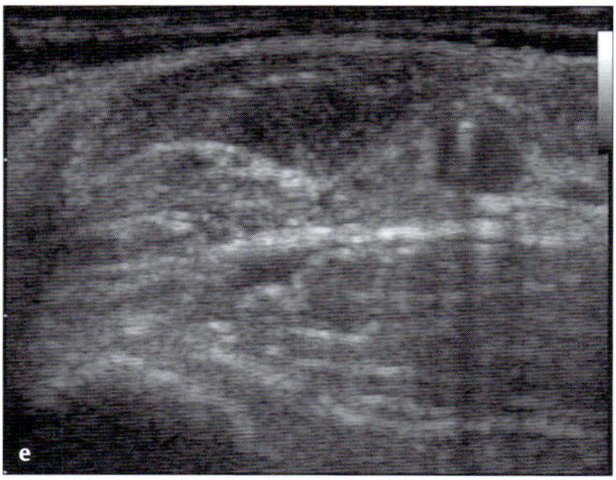

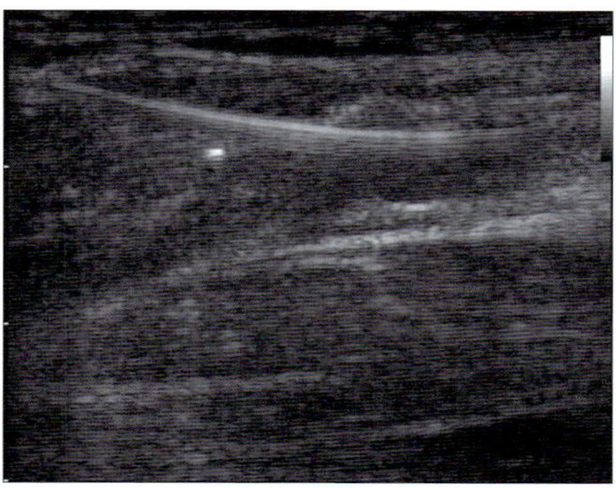

Abb. 2.**25** Längsdarstellung des Mandrins in der A. axillaris zur Platzierung eines Katheters zur invasiven Blutdruckmessung.

2.8 Arteria radialis

Die sonografische Darstellung der A. radialis wird im Vergleich zu anderen Gefäßen eher seltener durchgeführt. Dies schlägt sich auch in der Fachliteratur nieder, in der es bislang nur wenige Arbeiten gibt, die die Bedeutung der ultraschallgesteuerten Punktion der A. radialis analysieren. So haben die Arbeitsgruppen um Levin und Gozal bzw. Schwemmer et al. den Einsatz des Ultraschalls zur Kanülierung der A. radialis untersucht und der Methode mittels Palpation gegenübergestellt. Dabei beobachteten die Autoren eine signifikante Reduktion der Punktionsversuche, der benötigten Zeit und der benötigten Materialen. Im Rahmen von anästhesiologischen und/oder intensivmedizinischen Tätigkeiten können einige Situationen auftreten, in denen die Sonografie wertvolle Hinweise und Hilfestellungen geben kann.

Die A. radialis verläuft zwischen den Mm. brachioradialis und flexor carpi radialis. Die Punktion dient meist zur Blutgas-Analyse bzw. zur invasiven Blutdruckmessung. Der in herkömmlicher Weise mittels Palpation durchgeführte Punktionsvorgang kann erheblich erschwert sein durch Vorpunktionen, Dehydratation, Volumenmangel oder bei Kindern (Abb. 2.**26 a, b**). Weiterhin sind immer wieder erhebliche Schwankungen hinsichtlich des Verlaufes der Arterie zu beobachten, was ebenfalls den herkömmlichen Punktionsvorgang beeinträchtigen kann. Sogar während des Punktionsvorgangs selbst kann sich die Position der A. radialis beträchtlich ändern. Eine direkte Darstellung der Position der Arterie vor und/oder während der Kanülierung bietet sich daher in ausgewählten Fällen an.

Identifikation

Aufgrund des im Vergleich zu anderen Gefäßen geringeren Diameters bedarf es einiger Übung, bis die sonografische Identifikation der A. radialis sicher gelingt. Dementsprechend gestaltet sich auch die ultraschallgesteuerte Punktion anfangs als schwierig. Zunächst sollte mit der Querdarstellung begonnen werden. Anschließend sollte eine Vergrößerung der Darstellung der Arterie durchgeführt werden, das heißt, die Eindringtiefe sollte so verändert werden, dass das Gefäß eindeutig identifiziert werden kann. Besteht die Möglichkeit, die Doppler-Funktion einzusetzen, wird dadurch die Identifikation erheblich erleichtert (Abb. 2.**27 a, b**).

Die Längsdarstellung ist aufgrund des geringen Durchmessers und des geschlängelten Verlaufes des Gefäßes sehr schwierig. Durch periodisches Verändern des Auflagedruckes des Schallkopfes auf das Gewebe kann empirisch ermittelt werden, welcher Druck am sinnvollsten ist, um die A. radialis am besten sonografisch darzustellen.

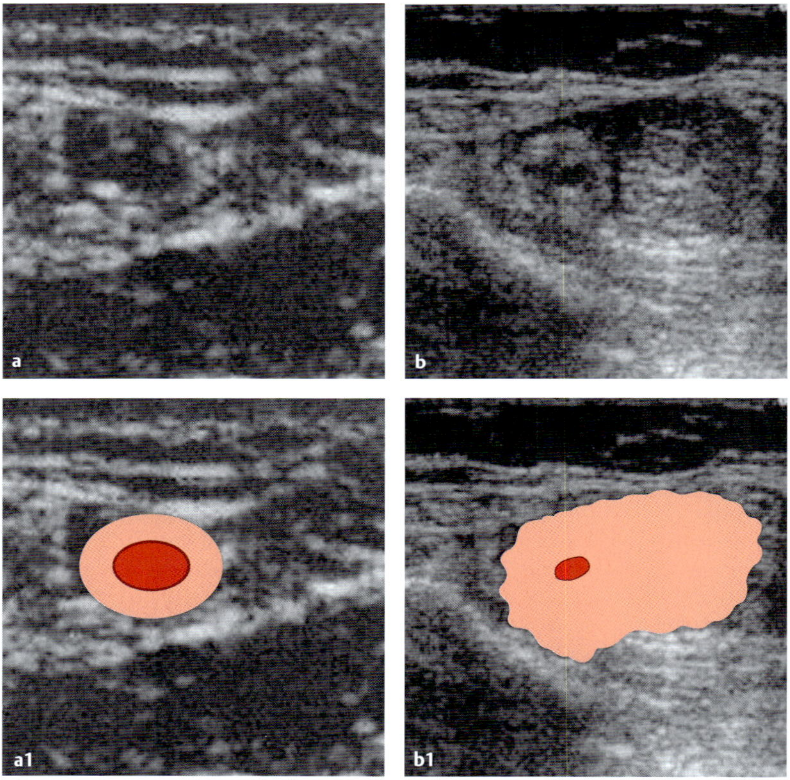

Abb. 2.**26 a** u. **b** Probleme nach mehrfachen erfolglosen herkömmlichen, d.h. nach Palpation durchgeführten Punktionen der A. radialis:
a Wandverdickung der Arterie.
b Hämatombildung.

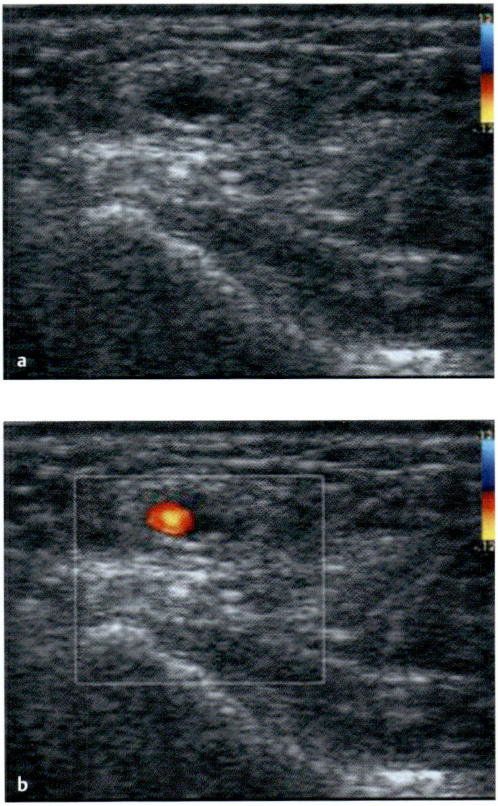

Abb. 2.**27 a** u. **b** Querdarstellung der A. radialis, ohne (**a**) und mit Hilfe der Doppler-Funktion (**b**).

Punktion

Bei der Punktion ist der Winkel, den die Schallkopfebene mit der Haut bildet, identisch mit dem Winkel zwischen Punktionskanüle und Haut (Abb. 2.**28 a, b**). Zu Beginn des Punktionsvorganges ist ein durch die Kanüle bedingter Schallschatten nicht zu erkennen. In dieser Phase lässt sich die Lage der Nadelspitze lediglich durch Gewebekompressionen und -verschiebungen ermitteln. Bei korrekter Konstellation von Schallkopf, Punktionskanüle und Hautoberfläche tritt der Schatten der Kanülenspitze unmittelbar in der Nähe der A. radialis in Erscheinung. Beim Vorschieben kann daher das Verhalten der Arterie genau beobachtet werden, so dass die Lage der Punktionskanüle verändert werden kann, um die Arterie sicher zu treffen. Idealerweise erkennt man anhand des Ultraschalls, dass der Schatten der Kanülenspitze in das Lumen der Arterie tritt, was in der Regel einer erfolgreichen Punktion entspricht (Abb. 2.**29**).

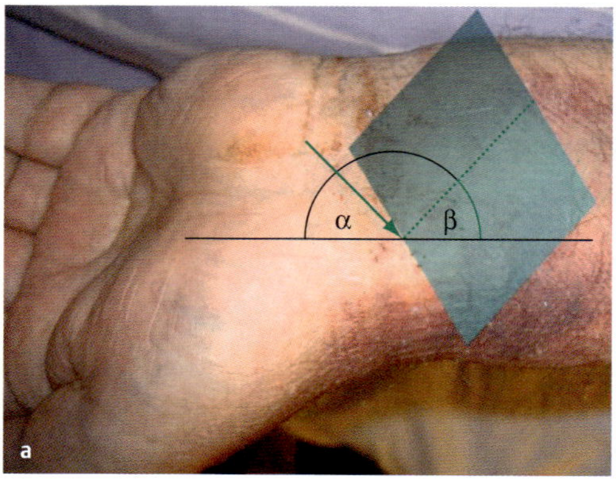

Abb. 2.**28 a** u. **b**

a Zur Punktion der A. radialis ist der günstigste Winkel zwischen Kanüle und Schallebene empirisch zu ermitteln.

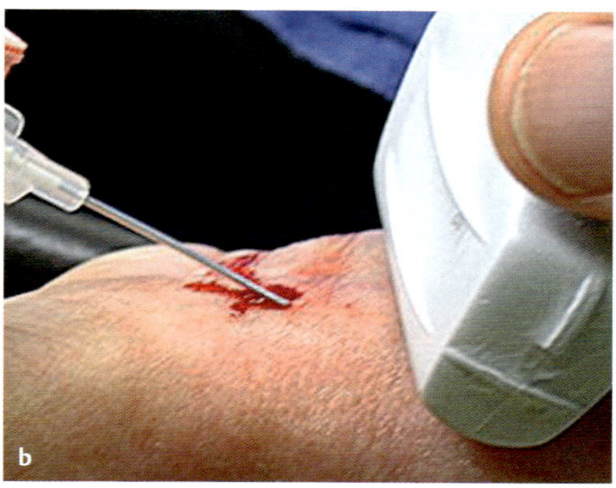

b Beziehung von Schallkopf und Kanüle während der Punktion der A. radialis.

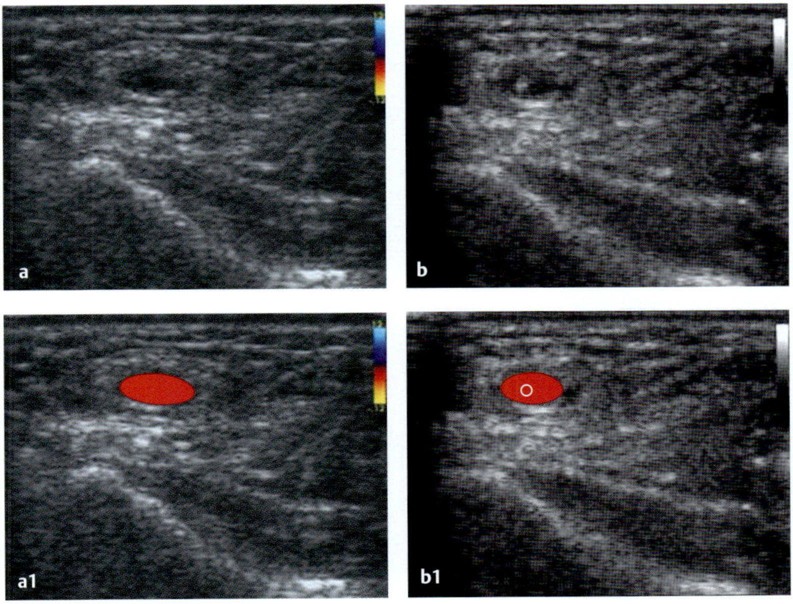

Abb. 2.**29 a** u. **b** Sonogramm der A. radialis vor und nach Durchtritt der Kanülenspitze durch die Gefäßwand.

Literatur

1. Gozal Y, Levin PD, Sheinin O. The use of a portable ultrasound to assist in the insertion of radial artery catheters. Anesthesiology 2001;95:A583.
2. Schwemmer U, Arzet HA, Trautner H, Rauch S, Roewer N, Greim CA. Ultrasound-guided arterial cannulation in infants improves success rate. Eur J Anaesth 2006;2:1–5

2.9 Arteria femoralis

Die Punktion der A. femoralis wird – analog zur Punktion der V. femoralis – in vielen Situationen als alternativer Zugang gewählt, wie z. B. beim invasiven Monitoring kritisch kranker Patienten (Abb. 2.**30 a, b**). Von Vorteil ist der relativ einfache Zugang, der jedoch durch Adipositas oder schlechte hygienische Verhältnisse, aber auch durch anatomische Variationen erschwert sein kann. In diesen Fällen ist die Palpation der Arterie deutlich erschwert, so dass die Sonografie hier sehr hilfreich ist.

Identifikation

Der Schallkopf wird in der Regel quer zu den inguinalen Gefäßen gehalten. Die Längsdarstellung der Gefäße in der Leiste ist technisch nicht immer machbar und für die Punktion selbst ohne Gewinn an Information oder Benefit. Eine entsprechende Anwendung der Doppler-Funktion vermag auch hier die Verifizierung erheblich erleichtern.

Punktion

Die Punktionskanüle wird distal des Schallkopfes zur Schallebene hin geführt. Zu Beginn des Punktionsvorganges kann die Position der Nadel oft nur anhand der Gewebeverdrängung und Verschiebung der anatomischen Schichten ausgemacht werden. Meist wird der Schatten der Punktionsnadel erst in unmittelbarer Nähe der A. femoralis gesichtet. Gelegentlich können Plaques die Punktion erschweren (Abb. 2.**31**).

Literatur

1. Hughes P, Scott C, Bodenham A. Ultrasonography of the femoral vessels in the groin: implications for vascular access. Anaesthesia 2000;55:1198.

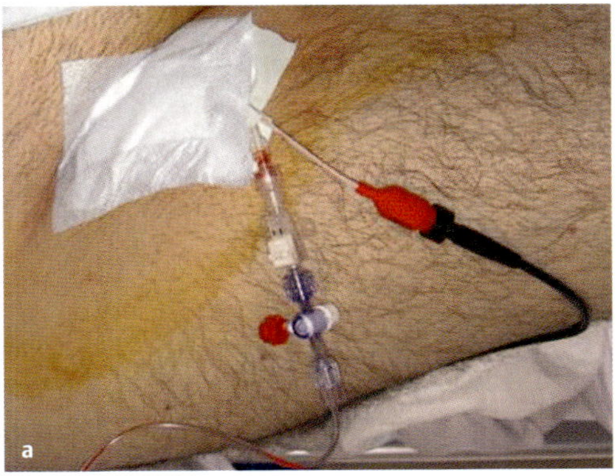

Abb. 2.**30 a** u. **b**

a Ultraschallgestützt platzierter Katheter in der A. femoralis zum invasiven Monitoring.

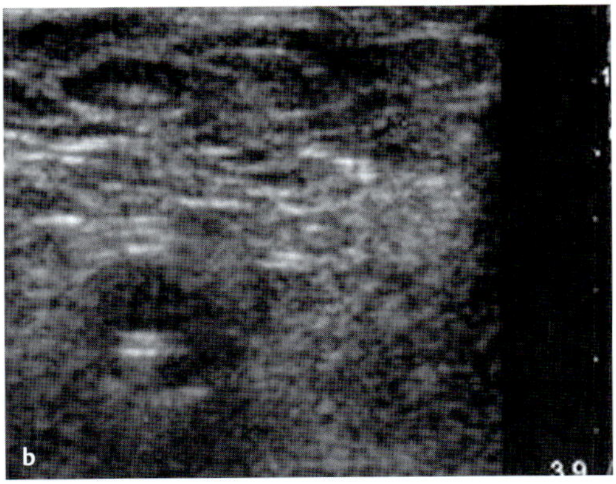

b Sonografische Darstellung der A. femoralis, in der der Katheter zum invasiven Monitoring platziert wurde.

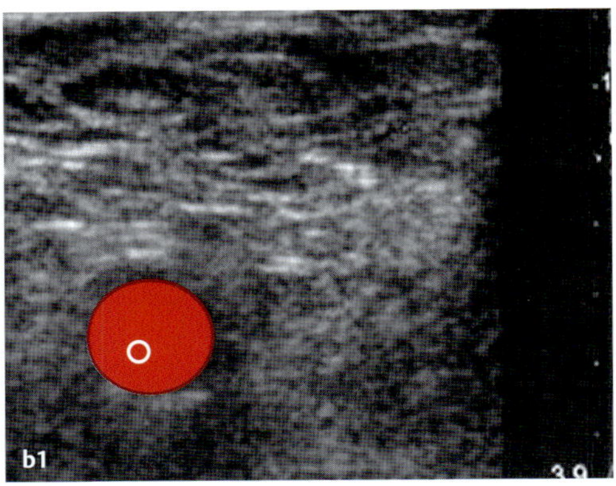

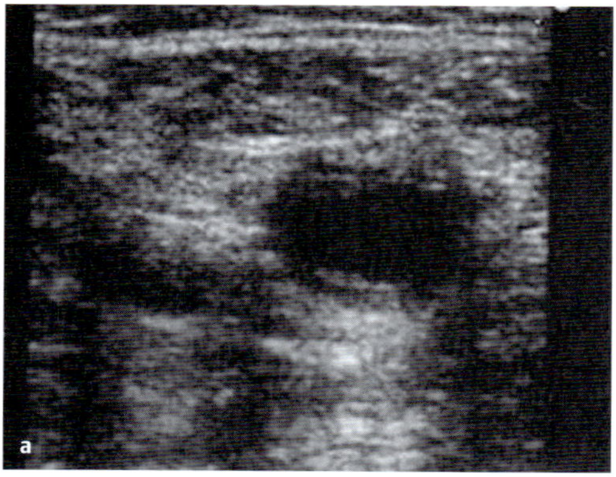

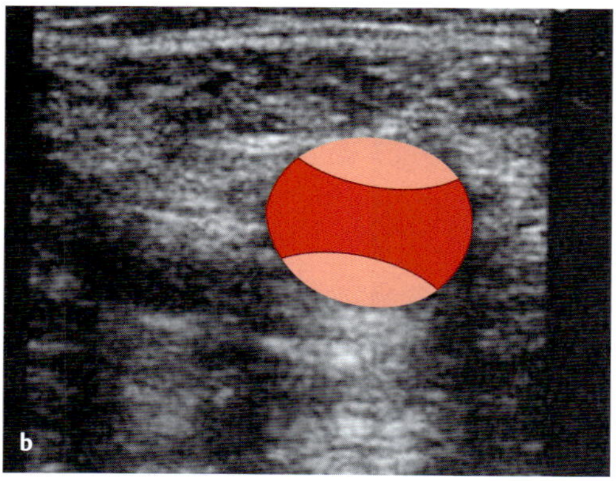

Abb. 2.**31 a** u. **b** Detektion von Plaques in der A. femoralis, die gelegentlich die Punktion erschweren können.

3 Ultraschallgestützte Detektion und Blockade peripherer Nerven

Die Regionalanästhesiologie hat eine bewegte Entwicklung hinter sich, deren Ende keinesfalls absehbar ist. Im Lauf der Jahrzehnte wurde eine Reihe von Blockadetechniken beschrieben und weiterentwickelt. Neben neuen Lokalanästhetika mit einem besser steuerbaren Verhalten und einem geringeren Nebenwirkungspotenzial hat eine Vielzahl von technischen Erneuerungen die Regionalanästhesiologie entscheidend beeinflusst bzw. erst möglich gemacht. Die ersten Blockaden wurden unter direkter Sicht durchgeführt, das heißt, nach chirurgischer Darstellung erfolgte das Eintauchen der Nervs in Kokain, so wie es bei den ersten Blockaden des Plexus brachialis der Fall war. Im weiteren Verlauf wurde dieser Zugang zugunsten der perkutanen Injektion von Lokalanästhetika verlassen mit dem bewussten Auslösen von Parästhesien als Indikator für die Nervenlokalisation. Die elektrische Nervenstimulation hat sich heute als weit verbreiteter Standard im klinischen Alltag fest etabliert.

Die in jüngster Vergangenheit entwickelte Möglichkeit der sonografischen Darstellung von Nervenstrukturen hat der Regionalanästhesiologie ganz neue Perspektiven eröffnet, wobei einige Autoren sogar von einer Renaissance sprechen. Neben der Detektion von Nerven mittels Ultraschall lassen sich Punktionsnadeln sonografisch kontrollieren und die Ausbreitung von Lokalanästhetika am Wirkort sonografisch darstellen. All diese neuen Verfahren wurden erst in den letzten Jahren von verschiedenen Klinikern erarbeitet und entwickelt.

Die sonografische Darstellung war in den 70er Jahren hauptsächlich den Radiologen vorbehalten. Die ersten Publikationen aus diesem Fachgebiet waren rein deskriptiver Natur. Die Unterscheidung von Sehnen, die eine ähnliche Echotextur aufweisen, wurde in einer Vielzahl von italienischen Arbeiten beschrieben.

Ab dem Jahre 1978 erschienen die ersten Berichte über die Anwendung des Ultraschalls für anästhesiologische Zwecke. Dabei wurde in einer der ersten Publikationen von La Grange et al. über die noch „indirekte" Anwendung des Ultraschalls für die Regionalanästhesie über die Blockade des supraklavikulären Plexus brachialis mittels Doppler-Sonografie berichtet. Obwohl es den B-Modus noch nicht gab, wurde durch diese Arbeit der Beginn einer neuen Verfahrensweise in der Regionalanästhesiologie eingeläutet, die neue, ungeahnte Möglichkeiten eröffnete. Es folgten u. a. Berichte, z. B. von Kapral, Marhofer, Chan, Sandhu u. v. m., über die direkte ultraschallgestützte Darstellung der Zielnerven bei Punktionen, der Punktionskanülen und der applizierten Lokalanästhetika.

3.1 Grundlagen

Identifikation von Nerven

Es gibt keine ultraschallspezifischen Marker für Nerven! Diese Aussage sollte immer am Anfang jeglicher Ausführungen zur ultraschallgesteuerten Regionalanästhesie stehen, da diese Feststellung viele Konsequenzen für die tägliche Praxis hat. Untersucht man einen Nerv im Wasserbad sonografisch, so erhält man ein Bild, das aus einer Mischung aus hypo- und hyperechogenen Reflexmustern besteht (Abb. 3.**1 a, b**). Bei näherer Betrachtung der hypoechogenen Anteile lässt sich eine weitere Kompartimentierung dieser Zonen erkennen, die ebenfalls von schwachen hyperechogenen Reflexen ummantelt sind. Diese Reflexmuster entsprechen der Grundstruktur von Nerven. Reines Nervengewebe stellt sich sonografisch hypoechogen dar; es ist von Perineurium, Epineurium, Bindegewebe und Fettgewebe umhüllt, was den hyperechogenen Zonen entspricht. Der jeweilige Anteil ist individuell verschieden und differiert ebenfalls je nach Lokalisation. So wird häufig die Beobachtung gemacht, dass die Nerven in der unteren Extremität mehr hyperechogene Anteile besitzen als die in der oberen Extremität (Abb. 3.**2 a, b**).

Neben der alleinigen Begutachtung des einzelnen Nervs ist es äußerst wichtig, die umliegenden anatomischen Strukturen sicher erkennen zu können. Die jeweilige Beziehung der verschiedenen anatomischen Strukturen wie Muskulatur, Gefäße, Faszien oder Knochen kann für das Verständnis der jeweiligen Lokalisation und für das sichere Auffinden von Nerven sowie die anschließende richtige Interpretation wichtig sein. Gerade in Zonen, die durch eine komplexe Anatomie auf engstem Raum gekennzeichnet sind, wie z. B. der Halsbereich (Abb. 3.**3**), sind der sichere Umgang mit dem Ultraschall und die korrekte sonografische Darstellung aller benachbarten Organe äußerst hilfreich. Dies erklärt wiederum auch die Forderung, dass der Ausbildung für ultraschallgesteuerte Prozesse in der Anästhesiologie und Intensivmedizin eine standardisierte Vorgabe mit einer entsprechenden Anleitung zugrunde gelegt werden sollte.

Die Qualität der Befunde hängt ebenfalls von den Diametern der jeweiligen Nerven ab. Die technische Entwicklung ermöglicht zunehmend die Visualisierung kleiner Nerven, so dass die Sonografie auch in der Kinderanästhesie immer mehr zum Einsatz kommt. Was die Auflösung von kleinen Nervenstrukturen anbelangt, ist der Ultraschall teilweise dem MRT überlegen.

Entlang der Extremitäten sind Nerven leicht sonografisch darzustellen (Abb. 3.**4**). Dies erklärt sich durch ihren oberflächlichen Verlauf und dem Fehlen von Knochen in unmittelbarer Nähe. Im Gegensatz dazu lassen sich Hirnnerven oder neuroaxiale Strukturen aufgrund der benachbarten knöchernen Strukturen nicht immer gut mit Hilfe des Ultraschalls abgrenzen.

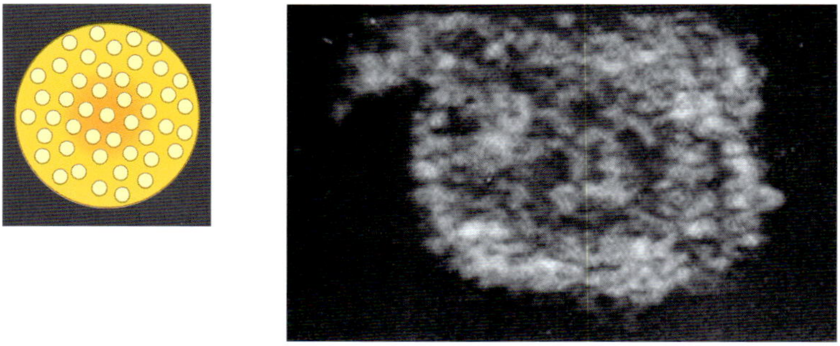

a

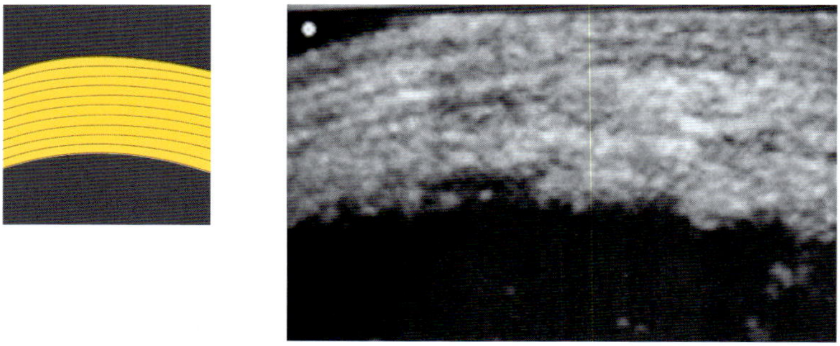

b

Abb. 3.**1 a** u. **b** Solitäre sonografische Darstellung eines peripheren Nervs (N. ischiadicus) im Wasserbad:

a In Querrichtung. Der Nerv erscheint dabei aus vielen hypo- und hyperechogenen Zonen zusammengesetzt.

b In Längsrichtung. Hier fällt die fibrilläre Struktur auf, die der Sehnenstruktur ziemlich ähnlich ist.

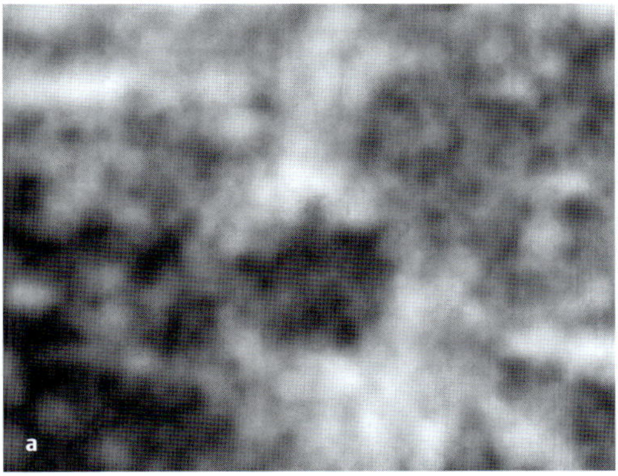

Abb. 3.**2 a** u. **b** Je nach Lokalisation in der oberen oder unteren Extremität unterscheidet sich das Echomuster peripherer Nerven.

a Überwiegen von hypoechogenen Arealen bei der sonografischen Darstellung des Truncus superior des interskalenären Plexus brachialis.

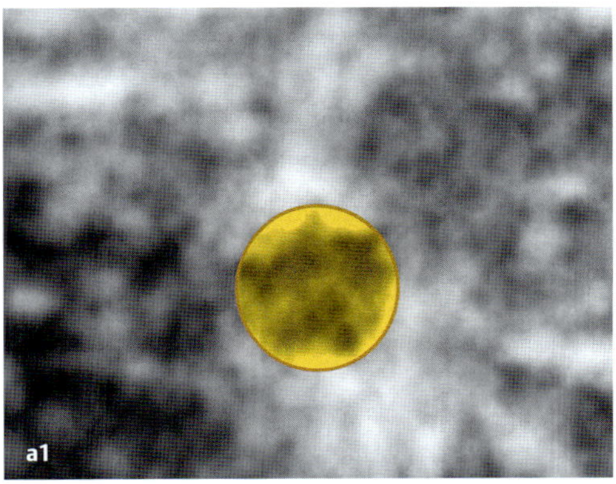

b Überwiegen von hyperechogenen Arealen bei der sonografischen Darstellung des N. tibialis unmittelbar nach Abgang aus dem N. ischiadicus. Im Sonogramm des Nervs imponieren zwei unterschiedliche Areale, was sich durch die verschiedenen Winkel der Nervenstrukturen zur Schallebene erklären lässt.

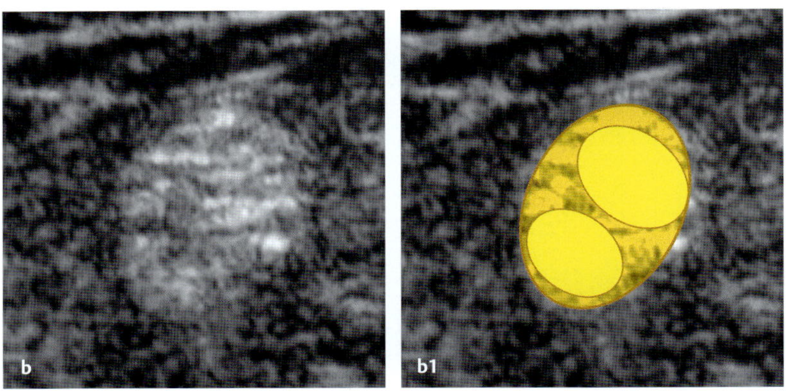

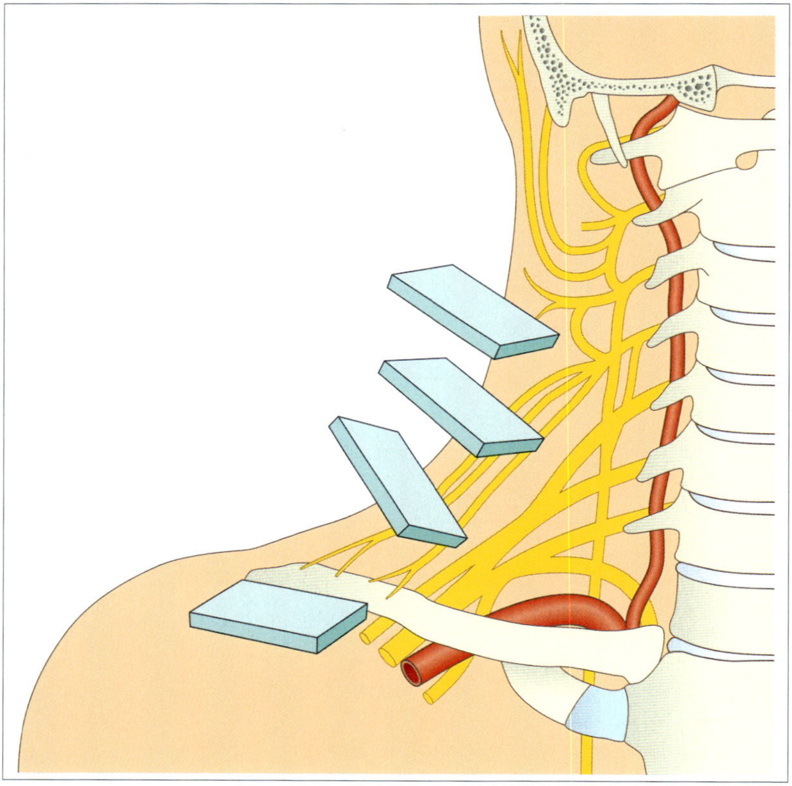

Abb. 3.**3** In Zonen, die durch eine komplexe Anatomie auf engstem Raum gekennzeichnet sind, wie z. B. im Halsbereich, lassen sich einzelne Strukturen nur bei ausreichender Erfahrung mit der Sonografie darstellen. Gezeigt sind hier die unterschiedlichen Positionen des Schallkopfes für die ultraschallgesteuerte Blockade des Plexus brachialis.

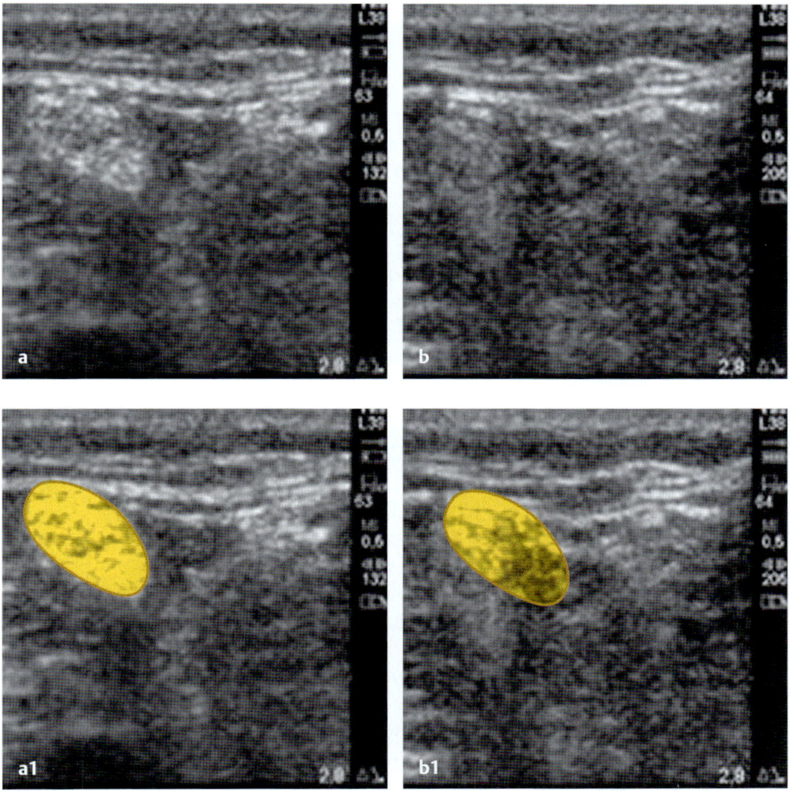

Abb. 3.**4 a** u. **b** Bei der sonografischen Darstellung peripherer Nerven ist auf den optimalen Winkel zu achten, der jeweils empirisch zu ermitteln ist. Durch leichte Kippbewegungen des Schallkopfes kann eine unterschiedliche Abbildung der jeweiligen Nerven resultieren, wie hier am Beispiel des N. tibialis.

Punktion

In der klinischen Praxis haben sich unterschiedliche Punktionstechniken etabliert. Die sicherste Verfahrensweise ist die, bei der die Punktionskanüle in der Schallebene geführt wird. Dabei wird die Nadel in ihrer gesamten Länge sonografisch dargestellt, was eine sichere Führung der Kanüle erlaubt, ohne die Gefahr einer Nervenschädigung. Die Querdarstellung der Kanüle ist ebenfalls praktikabel, es sollte jedoch darauf geachtet werden, dass der Schatten der Kanüle seitlich vom Nerv in Erscheinung tritt.

Je nach Lokalisation und Art der ultraschallgesteuerten Blockade ist eine unterschiedliche Nadelführung in Beziehung zur Schallebene erforderlich. Damit die jeweiligen Prozesse für alle Beteiligten nachvollziehbar sind, sollte man sich im Vorfeld auf ein für die Klinik bzw. Abteilung gültiges Vorgehen einigen. Das hat auch den Vorteil, dass der Lernerfolg durch das regelmäßige Praktizieren derselben Schritte gesteigert werden kann.

Applikation von Lokalanästhetika

Die Applikation von Lokalanästhetika am jeweiligen Zielnerv erfordert die sichere sonografische Abbildung der korrekten ultraschallgesteuerten Führung und Position der Punktionskanüle.

Die Injektion von Lokalanästhetika und deren sonografischen Darstellung wird durch eine Vielzahl von Faktoren beeinflusst. Das Lokalanästhetikum breitet sich als hypoechogenes Areal aus, das bei korrekter Lokalisation dem Nerv anliegt bzw. diesen umspült und meist scharf konturiert ist (Abb. 3.**5 a–c**). Treten hyperechogene Reflexe während des Injektionsvorganges auf, so handelt es sich in der Regel um feine Luftbläschen, die versehentlich mit injiziert worden sind. Luft stellt sich in diesem Fall aufgrund ihrer äußerst ungünstigen akustischen Impedanz dar. Diese Phänomene können sich gelegentlich als störend erweisen, weil sie eine weitere sonografische Darstellung relevanter anatomischer Strukturen erheblich einschränken, vor allem wenn diese unterhalb der Luftblasen lokalisiert sind. Aus diesem Grunde sollte die Injektion von Luftbläschen vermieden werden.

Literatur

1. Awad IT, Chan V. Ultrasound imaging of peripheral nerves: a need for a new trend. Reg Anesth Pain Med 2005;30:321-323.
2. Bacigalupo L, Bianchi S, Valle M, Martinolli C. Ultraschall peripherer Nerven. Radiologe 2003;43:841-849.
3. Chan VW. Nerve localization – seek but not so easy to find? Reg Anesth Pain Med 2002, 27: 245-248
4. Dadure C, Capdevila X. Continuous peripheral nerve blocks in children. Best Pract Res Clin Anaesthesiol. 2005;19:309-321.

5. Deny NM, Harrop-Griffiths W. Location, location, location! Ultrasound imaging in regional anaethesia. Br J Anaesth 2005;94:1-3.
6. Eichenberger U, Greher M, Kapral S, Marhofer P, Wiest R, Remonda L, Bogduk N, Curatolo M. Sonoraphic visualization and ultrasound-guided block of the third occipital nerve. Anesthesiology 2006, 104:303-308
7. Foley JL, Little JW, Starr FL, Frantz C, Vaezy S. Image-guided HIFU neurolysis of peripheral nerves to treat spasticity and pain. Ultrasound Med Biol 2004; 30:1199-1207.
8. Fornage BD. Peripheral nerves of the extremities: imaging with ultrasound. Radiology 1988;167:179-182.
9. Galiano K, Obwegeser AA, Bodner G, Freund M, Gruber H, Maurer H, Schatzer R, Ploner F. Ultrasound-guided periradicular injections in the middle to lower cervical spine: an imaging study of a new approach. Reg Anesth Pain Med 2005; 30:391-396.
10. Galiano K, Obwegeser AA, Bodner G, Freund M, Maurer H, Kamelger FS, Schatzer R, Ploner F. Real-time sonographic imaging for periradicular injections in the lumbar spine. J Ultrasound Med 2005;24:33-38.
11. Grau T. Ultrasonography in the current practice of regional anaesthesia. Best Pract Res Clin Anaesthesiol 2005;19:175-200.
12. Greher M, Kapral S. Is regional anesthesia simply an exercise in applied sonoanatomy? Anesthesiology 2003;99:250-251.
13. Hatfield A, Bodenham A. Ultrasound: an emerging role in anaesthesia and intensive care. Br J Anaesth 1999;83:789-800
14. Kirchmair L, Enna B, Mitterschiffthaler G, Moriggl B, Greher M, Marhofer P, Kapral S, Gassner I. Lumbar plexus in children. A sonographic study and its relevance to pediatric regional anesthesia. Anesthesiology 2004;101:445-450.
15. Kirchmair L, Entner T, Kapral S, Mitterschiffthaler G. Ultrsound guidance for the psoas compartment block: an imaging study. Anesth Analg 2002;94:706-710.
16. La Grange P, Foster PA, Pretorius LK. Application of the Doppler ultrasound bloodflow detector in supraclavicular brachial plexus block. Br J Anaesth 1978;50:965-967.
17. Marhofer P, Greher M, Kapral S. Ultrasound guidance in regional anaesthesia. Br J Anaesth 2005;94:7-17.
18. Marhofer P, Willschke H, Greher M, Kapral S. New perspectives in regional anaesthesia: the use of ultrasound – past, present and future. Br J Anaesth 2005;52:R6.
19. Peer S, Kovacs P, Harpf Ch, Bodner G. High-resolution sonography of lower extremity peripheral nerves. J Ultrasound Med 2002;21:315-322.
20. Rapp HJ, Folger A, Grau T. Ultrasound-guided epidural catheter insertion in children. Anesth Analg. 2005;101(2):333-339.
21. Sala-Blanch X. De Andrés J. Image-guided techniques for peripheral nerve blocks. Cur Op Anesthesiol 2004;17:409-415.
22. Sites BD, Gallagher JD, Cravero J, Lundberg J, Blike G. The learning curve associated with a simulated ultrasound-guided interventional task by inexperienced anesthesia residents. Reg Anesth Pain Med 2004;29:544-548.
23. Willschke H, Marhofer P, Bosenberg A, Johnston S, Wanzel O, Cox SG, Sitzwohl C, Kapral S. Ultrasonography for ilioinguinal/iliohypogastric nerve blocks in children. Br J Anesth 2005;95:226-230.

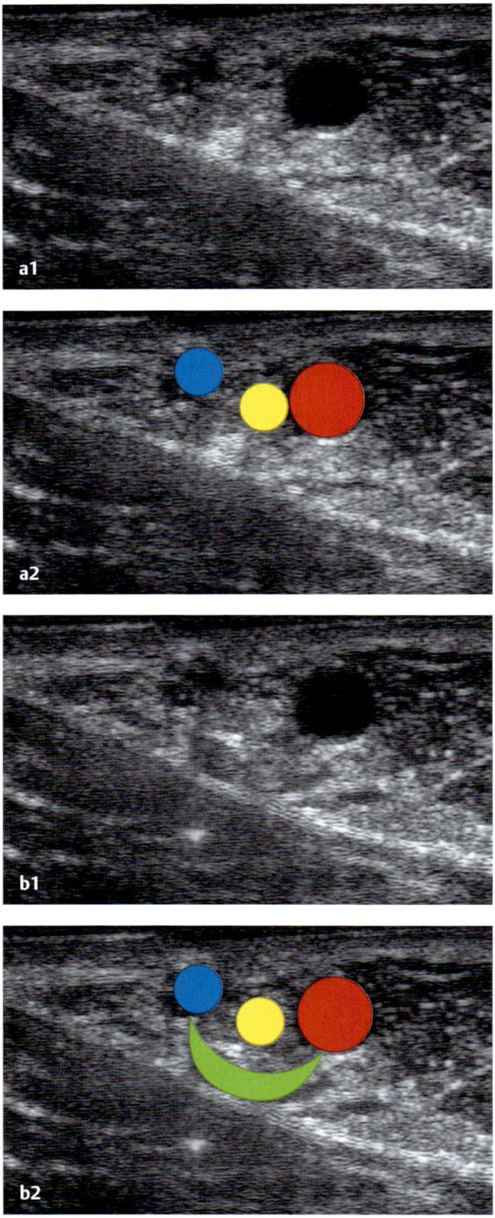

Abb. 3.**5 a–c** Ausbreitung des Lokalanästhetikums um den Zielnerv während der Injektion (hier am Beispiel des N. ulnaris).

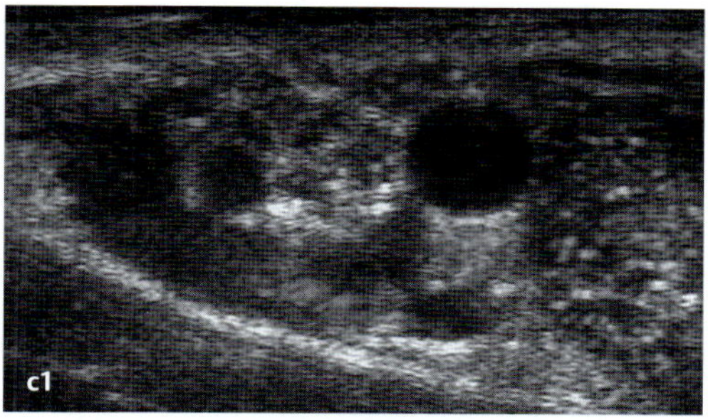

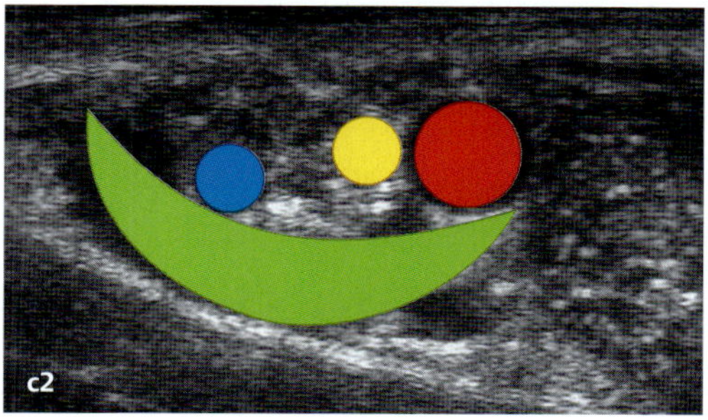

3.2 Interskalenärer Plexus brachialis

Die Blockade des interskalenären Plexus brachialis ist eine alte Blockadeform, die heute hauptsächlich in modifizierter Form (u. a. nach Maier et al.) wieder zunehmend bei operativen Interventionen an Schulter und Oberarm eingesetzt wird, teilweise zur perioperativen Analgesie, teilweise aber auch zur reinen Anästhesie (Abb. 3.**6**). Die methodenspezifischen Nebenwirkungen bzw. Komplikationen (Horner-Syndrom (Abb. 3.**7**), Phrenikus-Parese, Rekurrens-Parese etc.) erfordern eine engmaschige Überwachung und klare Indikationsstellung. Aufgrund der Lokalisation unterschiedlichster anatomischer Strukturen auf engstem Raum ist die Möglichkeit erheblicher Irritationen und Schädigungen gegeben. Durch Verzögerungen beim Aufsuchen der Nerven, sei es via Nervenstimulation oder Auslösen von Parästhesien, können sich in manchen Fällen belastende Situationen sowohl für den Patienten als auch für den Untersucher ergeben.

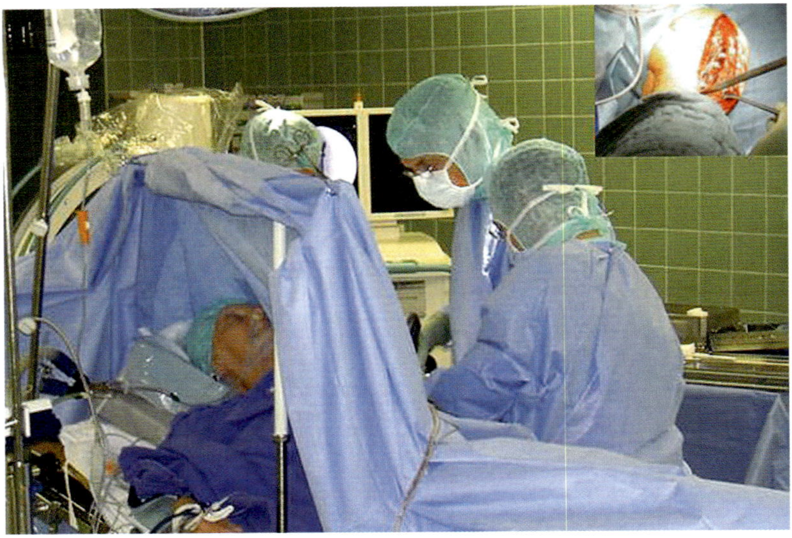

Abb. 3.**6** Intraoperativer Situs eines Patienten mit Ultraschall-gesteuerter Blockade des interskalenären Plexus brachialis zur Anästhesie und zur postoperativen Analgesie.

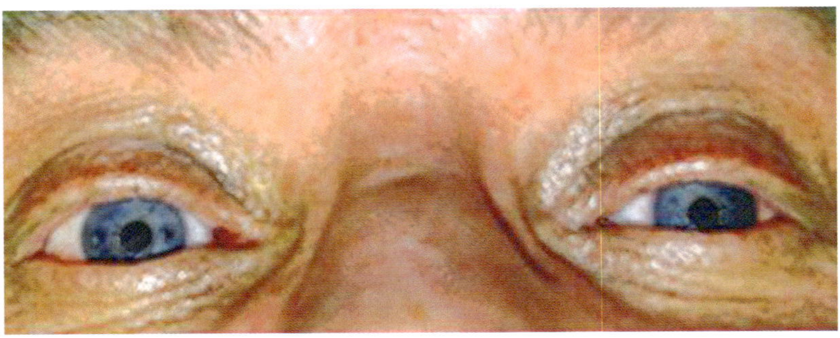

Abb. 3.**7** Beispiel eines Horner-Syndroms nach Blockade des interskalenären Plexus brachialis.

Identifikation

Die Identifikation des interskalenären Raumes und der Trunki erfordert vom Anwender ein erhebliches Maß an Erfahrung beim Umgang mit dem Ultraschallkopf, denn der interskalenäre Raum ist meist nur in einem bestimmten Neigungswinkel sonografisch zu erkennen (Abb. 3.**8 a, b**). Um das Aufsuchen der Strukturen mit Hilfe des Ultraschalls so effektiv wie möglich (und dementsprechend so kurz wie möglich) zu halten, hat es sich bewährt, einen vorab definierten Algorithmus einzutrainieren und strikt danach vorzugehen. Dieser Algorithmus beinhaltet die Identifikation weiterer anatomischer Strukturen im Halsbereich, ohne deren Kenntnis sich die ultraschallgesteuerte Blockade des interskalenären Plexus brachialis nur schwer realisieren lässt.

- **Halsgefäße:** Der erste Schritt zur Identifikation des interskalenären Raumes mittels Ultraschall ist die sonografische Darstellung der Halsgefäße. Diese sind in der Regel leicht zu erkennen. Es empfiehlt sich dabei, zunächst die A. carotis communis und die V. jugularis interna in der Transversalebene sonografisch abzubilden. Die entsprechenden rundlichen/ovalen hypoechogenen Bezirke sind relativ einfach zu identifizieren.
- **Muskulatur:** Nach leichter Führung des Schallkopfes nach lateral können drei wichtige Muskeln sonografisch detektiert werden: Oberflächennah ist zunächst der M. sternocleidomastoideus – meist als auslaufendes Dreieck – zu erkennen, der die Halsgefäße bedeckt. Unterhalb dieses Muskels und lateral der Halsgefäße sind als runde Strukturen der M. scalenus anterior und der M. scalenus medialis zu sehen. Die Binnenstruktur aller drei erwähnten Muskelgruppen ist ähnlich und reich durchsetzt von einer Vielzahl hyperechogener dünner Reflexstreifen von unterschiedlicher Länge. Es genügt, wenn nur der M. scalenus anterior mit seiner gesamten Kontur abgebildet wird und vom M. scalenus medialis nur der mediale Anteil gesichtet werden kann. In der Regel ist in dieser Schallkopfposition der interskalenäre Raum noch nicht optimal dargestellt.
- **Nerven:** Die aus den ventralen Spinalnervenästen entstehenden Fasern von C5 bis C8 schließen sich im Ausgangsbereich der Skalenuslücke zu den Trunci superior, medius und inferior zusammen. Die Trunki sind dabei nicht streng parallel zur Skalenusmuskulatur angeordnet, so dass der optimale Winkel der Schallebene zur Darstellung des interskalenären Raumes nicht gleich dem Winkel sein muss, in welchem die Skalenusmuskulatur streng orthograd getroffen wird. Aus diesem Grunde bietet es sich an, nach Darstellung der Skalenusmuskulatur, den Schallkopf leicht nach kaudal zu kippen (Abb 3.**9 a**). Schon nach geringfügigem Durchschwenken können die Trunki bzw. deren weitere Aufzweigung gesichtet werden (Abb. 3.**9 b**). Die Nerven sind in der Regel in dieser Position als hypoechogene Zonen zu erkennen, mit einem unterschiedlich ausgeprägten Saum aus hyperechogenem Perineurium (Abb. 3.**9 c**). Auf-

fällig ist ebenfalls, dass die Trunki meist in einer Reihe angeordnet („perlschnurartig") sind. Der Truncus inferior lässt sich nicht immer sonografisch sichten, da er am tiefsten liegt und somit aufgrund des Reflexverhaltens der Schallwellen die ungünstigsten Voraussetzungen bietet.

Punktion

Dem anspruchsvollen sonografischen Aufsuchen und der entsprechenden Darstellung des interskalenären Raumes folgt die in der Regel nicht minder anspruchsvolle ultraschallgesteuerte Führung der Punktionskanüle. In der Literatur sind dabei verschiedene Modi beschrieben worden: Die Nadel kann entweder von ventral kommend zum interskalenären Raum geführt werden. Oder die Kanüle wird von lateral kommend in der Schallebene so geführt, dass sie in ihrer gesamten Länge zu erkennen ist und daher alle Bewegungen kontrolliert werden können. Es bleibt abzuwarten, welches der beiden Verfahren sich in Zukunft durchsetzen wird. Befürworter der letztgenannten Verfahrensweise schätzen die Sicherheit aufgrund der „moment-by-moment"-Kontrolle.

- **Ventraler Zugang:** Beim ventralen Zugang orientiert sich der Untersucher anhand der Gewebeverschiebung und -verdrängung, die bei der Nadelführung entsteht. Dadurch kann er die Position der Nadel indirekt ermitteln. Dieser Zugang ähnelt dem, der bei der Anwendung des Nervenstimulators genutzt wird. Es besteht die Möglichkeit, sich mit der Kanülenspitze entlang der ventralen Faszie des M. scalenus anterior langsam an den interskalenären Raum heranzutasten. Dabei ist eine unmittelbare Kontaktaufnahme zu den Nervenstrukturen nicht zwingend erforderlich. Man kann auch versuchen, das Lokalanästhetikum-Depot aus einer gewissen Entfernung zum Zielnerv zu injizieren. Dabei kann beobachtet werden, ob sich das Lokalanästhetikum korrekt um die interskalenären Nervenstrukturen ausbreitet (Abb. 3.**10 a–c**)
- **Lateraler Zugang:** Der laterale Zugang ist deutlich schwieriger durchzuführen, da der Zugangsweg ungewohnt erscheint und die Punktionskanüle in der Schallebene geführt werden muss. Dies erfordert viel Übung, Geduld und Geschick. Nach optimaler Darstellung des interskalenären Plexus brachialis wird die Punktionskanüle unter sterilen Kautelen unmittelbar am lateralen Ende des Schallkopfes eingeführt und zum lateralen Rand des interskalenären Raumes vorgeschoben. Je nach Anatomie und Stellung des Schallkopfes tritt die Nadel zwischen dem M. sternocleidomastoideus und dem M. scalenus medialis durch oder aber sie durchquert den M. scalenus. Dieser Modus beinhaltet aufgrund seiner „online"-Beobachtung und Führung der Kanüle sicherlich den höchsten Sicherheitsstandard (Abb. 3.**11 a–d**).

Applikation von Lokalanästhetika

Bei beiden beschriebenen Modi der Kanülenführung kann unmittelbar vor Kontaktaufnahme zum interskalenären Raum mit der Injektion des Lokalanästhetikums begonnen werden. Zunächst wird sich – bei korrekter Position der Kanülenspitze – das Lokalanästhetikum entlang der lateralen Wand des interskalenären Raumes ausbreiten. Ohne Positionsänderung der Kanülenspitze verteilt sich das Lokalanästhetikum im gesamten interskalenären Raum, so dass alle Trunki adäquat umspült werden. Bei einer versehentlichen intramuskulären Injektion mit typischem Ausbreitungsverhalten des Lokalanästhetikums muss die Nadelposition sofort unter sicherer sonografischer Darstellung von Zielnerven und Kanülenspitze korrigiert werden.

In manchen Fällen ist zu beobachten, dass das Lokalanästhetikum im Verlauf der Injektion nach korrekter Umspülung der Trunki zum Teil auch die Skalenusmuskulatur umspült. Dabei handelt sich nicht um eine versehentliche intramuskuläre Injektion, sondern um den Austritt des Lokalanästhetikums aus dem interskalenären Raum. Anscheinend wird in diesen Fällen das Volumenerfassungsvermögen des interskalenären Raumes überschritten. Nach Applikation der Lokalanästhetika besteht Möglichkeit der Katheter-Anlage mit entsprechender Fixation (Abb. 3.**12**).

Literatur

1. Meier G, Bauereis C, Maurer H, Meier T. Interskalenäre Plexusblockade. Anatomische Voraussetzungen – anästhesiologische und operative Aspekte. Anaesthesist 2001;50:333-341.
2. WS, Chan MD. Applying ultrasound imaging to interscalene brachial plexus block. Reg Anesth Pain Med 2003;28:340-343.
3. Winnie AP. Interscalene brachial plexus block. Anesth Analg 1970;49:455-466.

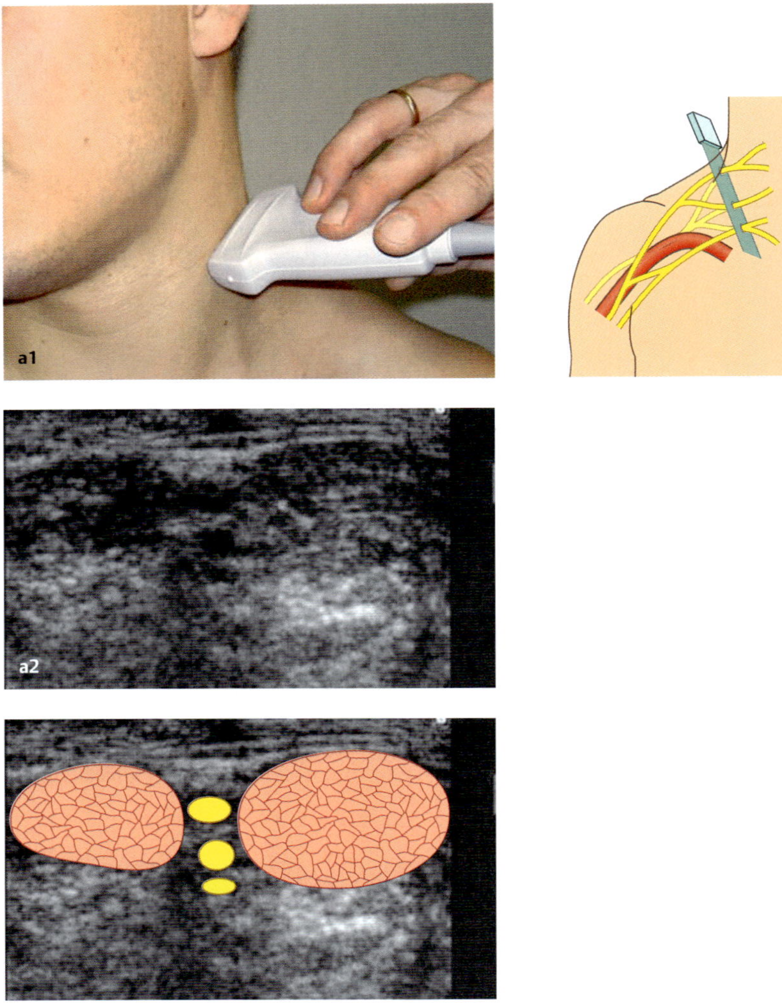

Abb. 3.**8** **a** u. **b** Darstellung des Plexus brachialis:
a Interskalenärer Abschnitt.
b Supraklavikulärer Abschnitt in Beziehung zur Lunge und Pleura.

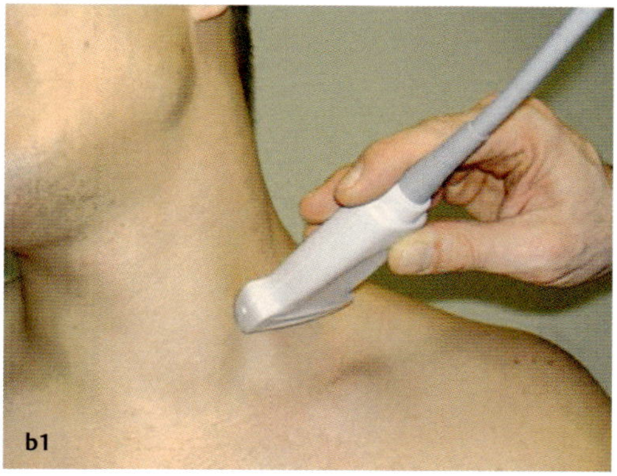
b1

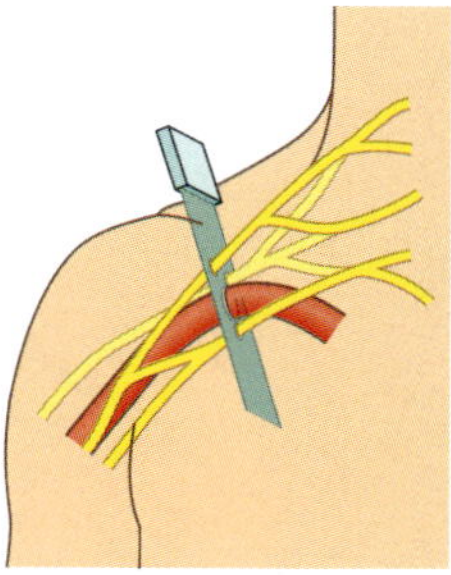

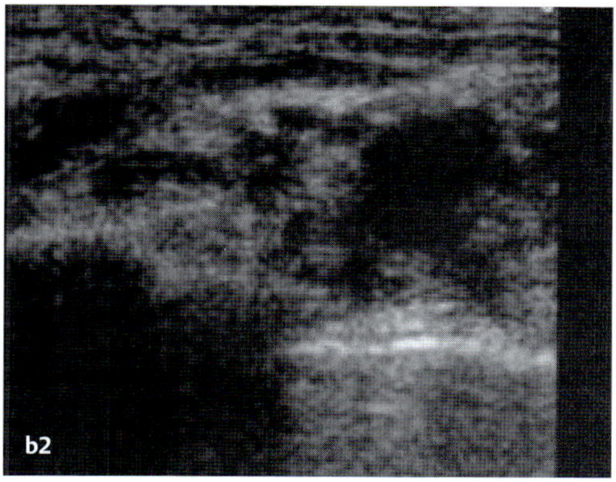
b2

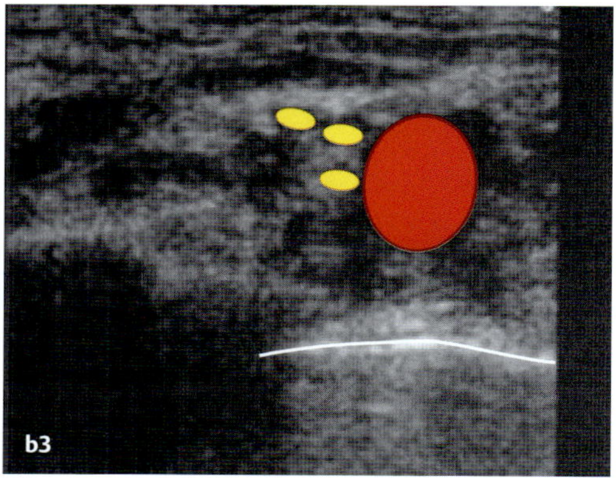
b3

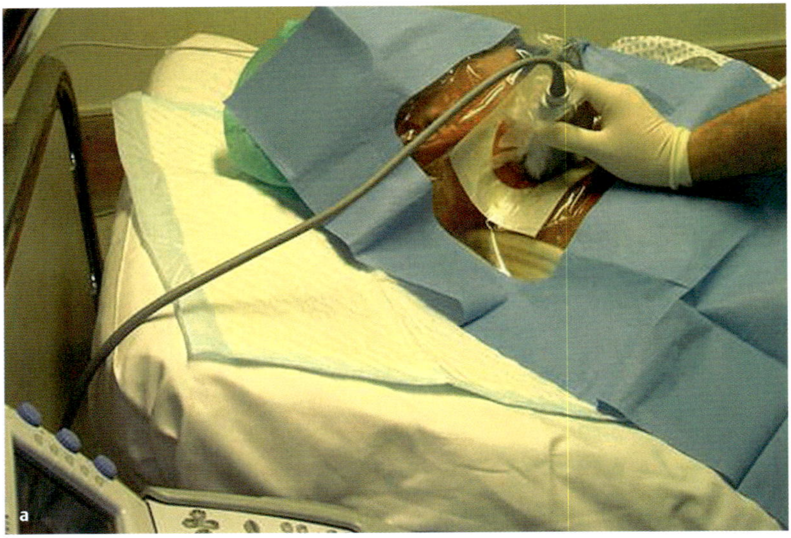

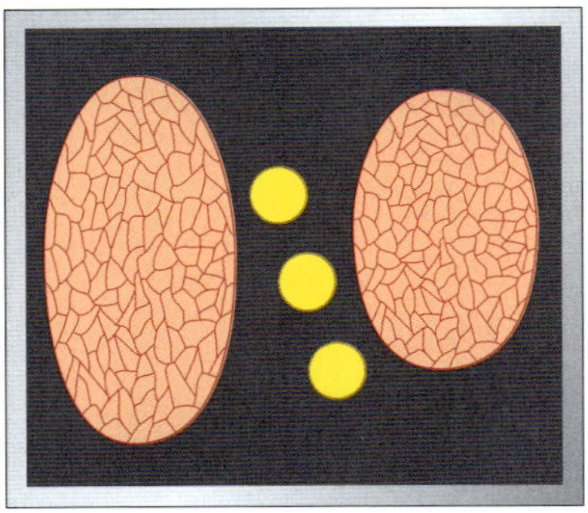

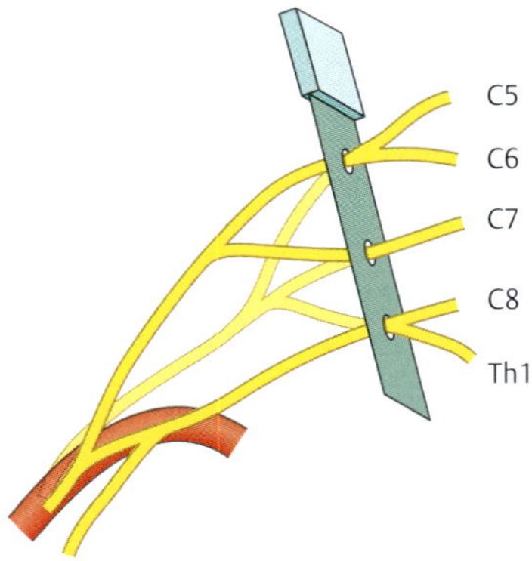

b

Abb. 3.**9 a–c** Darstellung des interskalenären Plexus brachialis:
a Position des Schallkopfes.
b Beziehung zwischen Schallebene und interskalenärem Plexus brachialis.

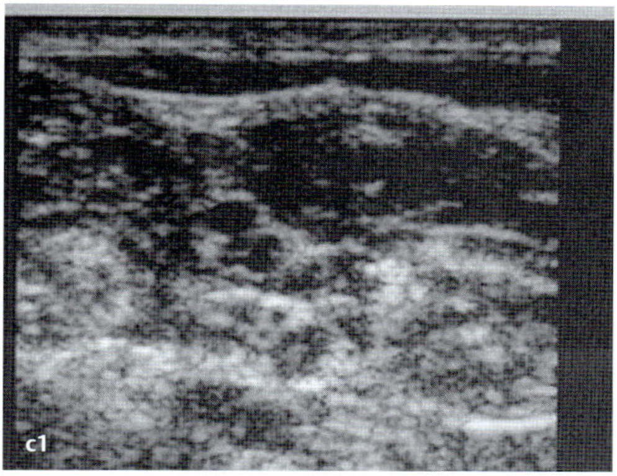

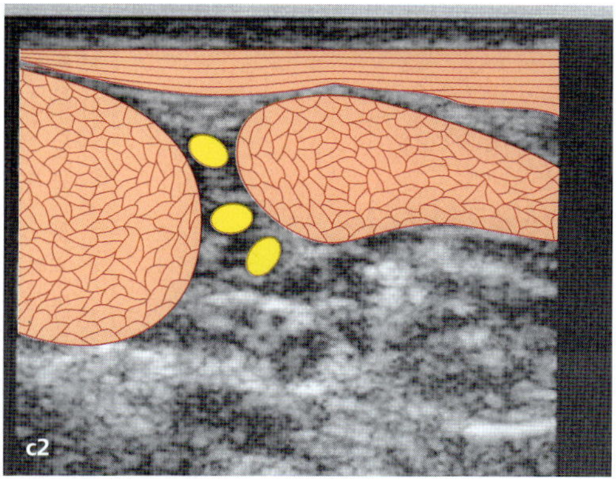

c Sonografische Querdarstellung des interskalenären Plexus brachialis mit benachbarter Muskulatur (M. scalenus ant. und med.).

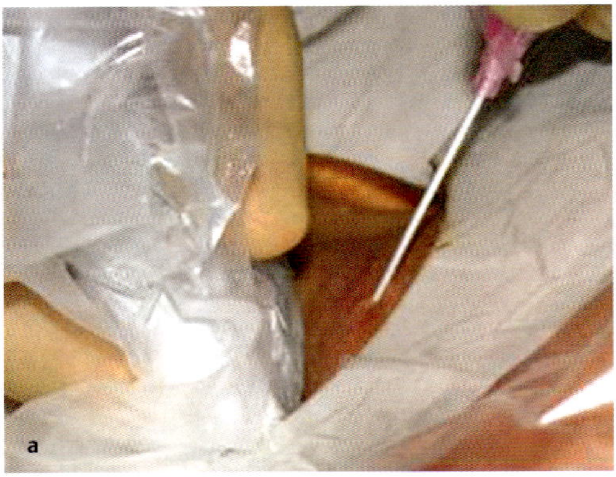
a

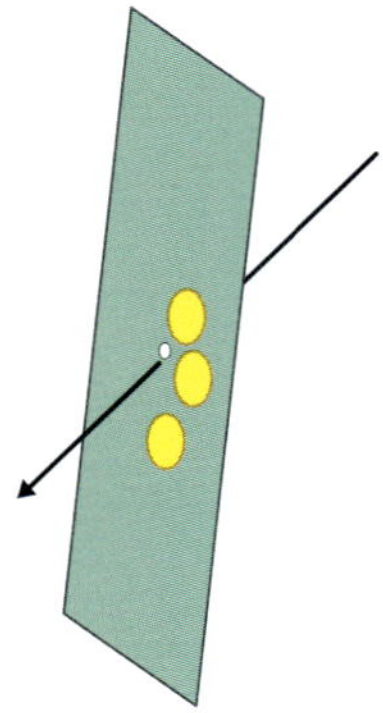

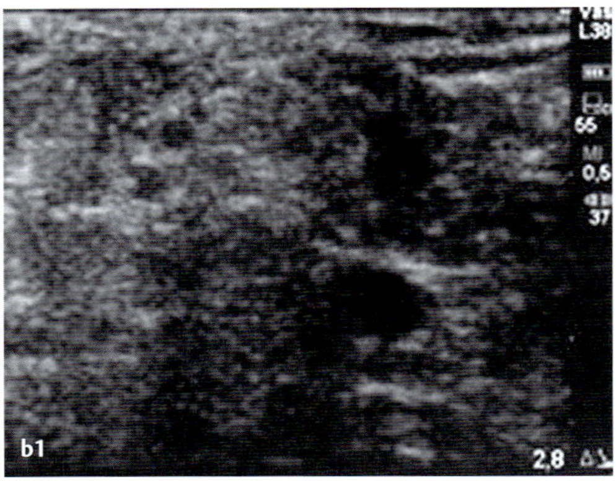
b1
L38
66
MI
0,6
37
2,8

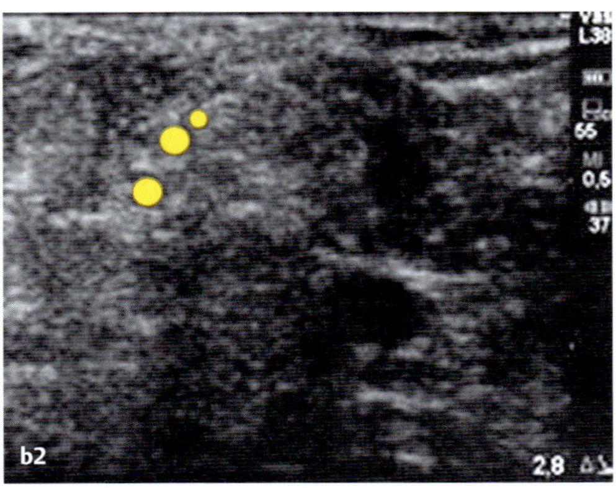
b2
L38
66
MI
0,6
37
2,8

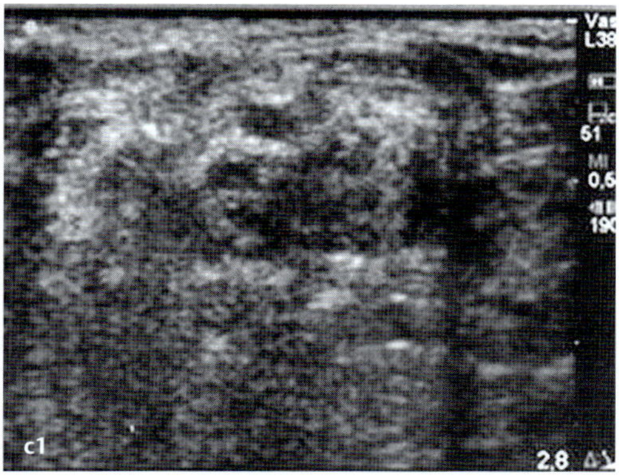

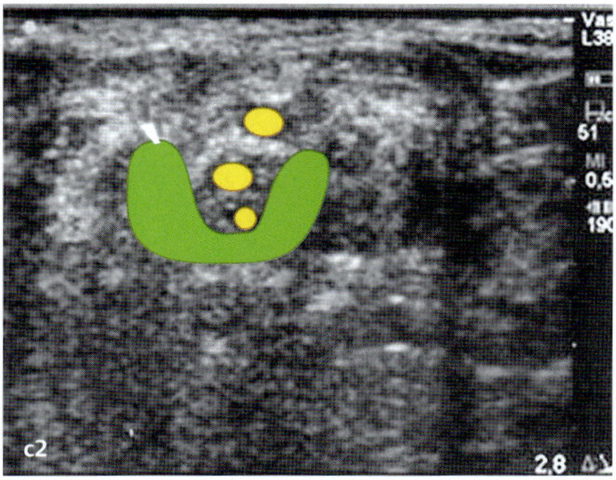

Abb. 3.**10 a–d** Ultraschallgesteuerte Blockade des interskalenären Plexus brachialis; die Kanüle wird zur Schallebene (ventraler Zugang) vorgeführt:
a Beziehung zwischen Schallkopf und Punktionskanüle.
b–d Infiltration des interskalenären Plexus brachialis.

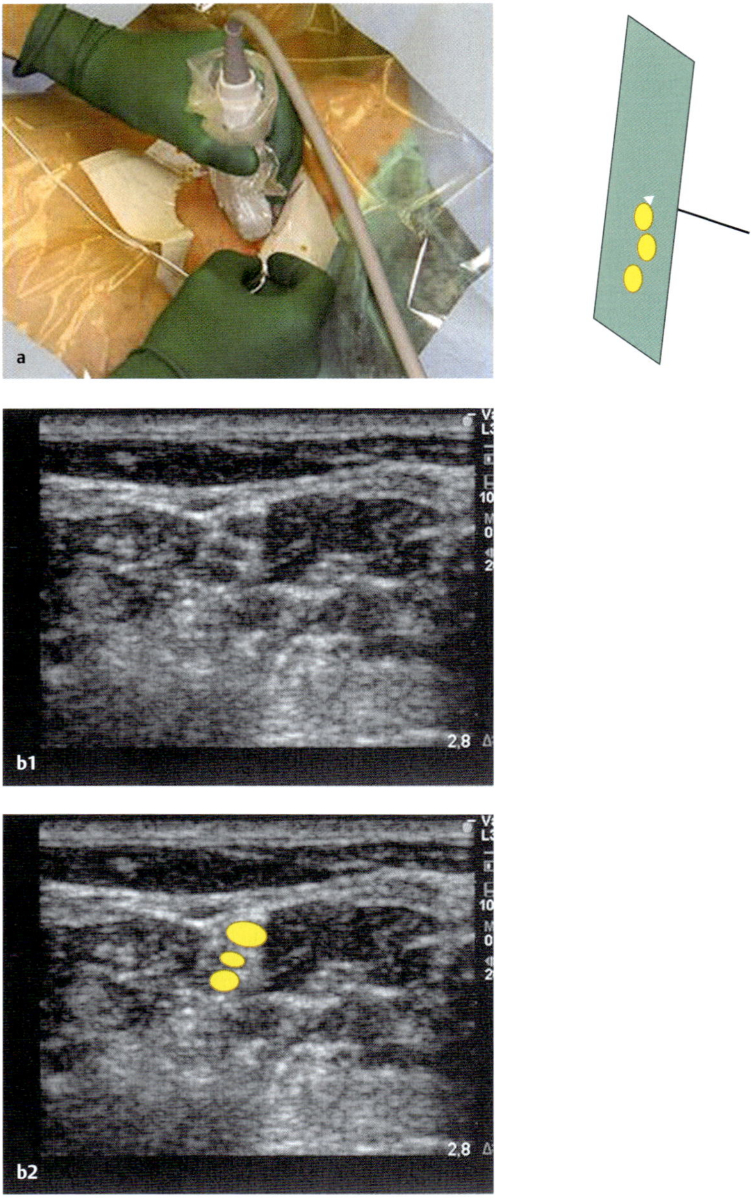
a
b1
2,8
b2
2,8

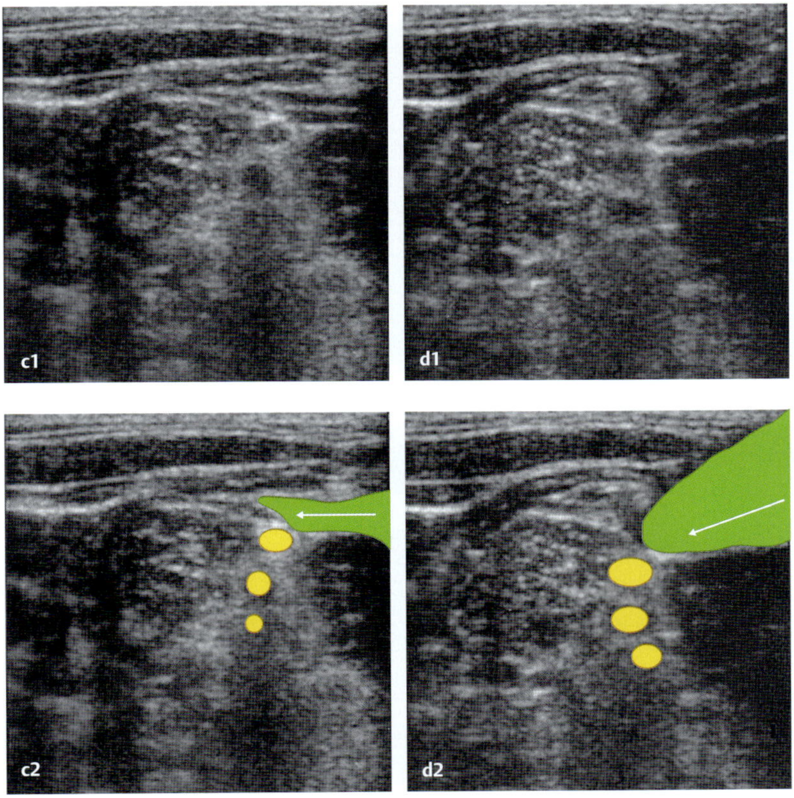

Abb. 3.**11 a–d** Ultraschallgesteuerte Blockade des interskalenären Plexus brachialis; die Kanüle liegt in Schallebene:

a Beziehung zwischen Schallkopf und Punktionskanüle.

b–d Infiltration des interskalenären Plexus brachialis.

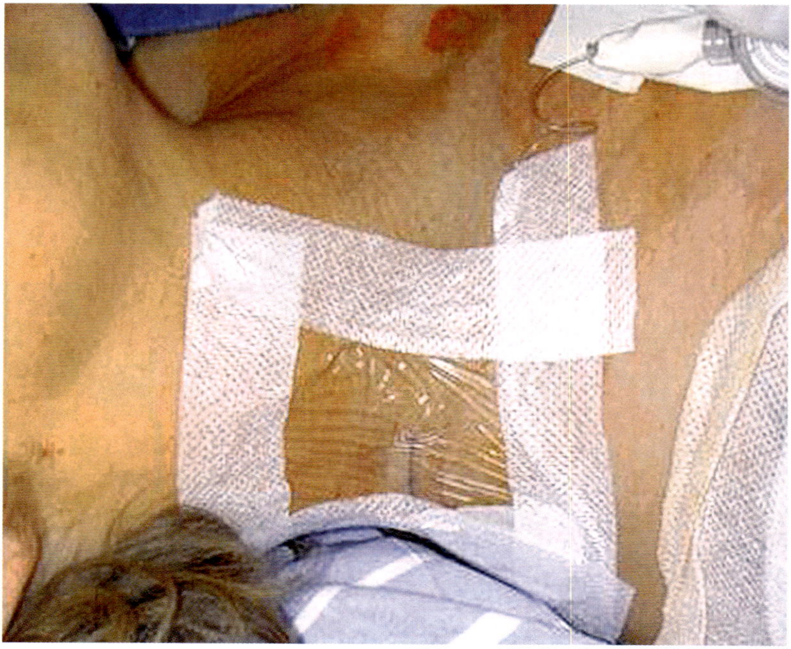

Abb. 3.**12** Fixation eines interskalenären Katheters mit einem transparenten Verband.

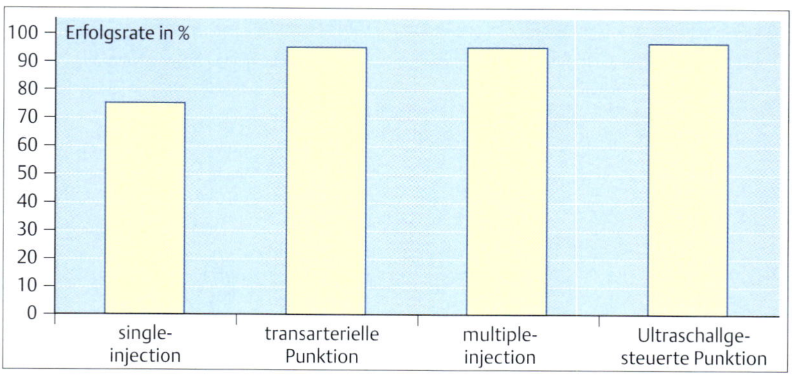

Abb. 3.**13** Vergleich der in der Fachliteratur angegebenen Erfolgsraten der verschiedenen Techniken zur Blockade des axillären Plexus brachialis.

3.3 Axillärer Plexus brachialis

Die Blockade des axillären Plexus brachialis zählt sicherlich zu den am häufigsten durchgeführten Blockadetechniken in der Regionalanästhesie. Aufgrund der sehr hohen Anwendungsfrequenz – sowohl im stationären als auch im ambulanten Bereich – ist die Erfahrung damit auch entsprechend sehr hoch.

Blockadetechniken

Die ohne Zweifel in anästhesiologischen Kreisen derzeit am weitesten verbreitete Verfahrensweise ist die perivaskuläre **„single-injection"-Technik,** wobei nach Penetration der Gefäß-Nerven-Scheide mit typischem Widerstandsverlust die korrekte Lage der Punktionskanüle mittels Anwendung der Nervenstimulation überprüft wird. Die alternative – relativ selten genutzte – Lagekontrolle mittels einer Injektion von kühler Kochsalzlösung mit nachfolgendem Auslösen von Parästhesien wird von den Patienten als unangenehm empfunden. Die Angaben hinsichtlich der Erfolgsraten schwanken zwischen 70 und 75 % (ohne weitere Nachinjektionen von Lokalanästhetika).

Bei der **„multiple injection"-Technik** erfolgt ein selektives Aufsuchen der einzelnen Nerven mit jeweils anschließender Injektion des Lokalanästhetikums. Die Erfolgsquote wird hierbei mit 82 bis 95 % beziffert. Diese differenzierte Blockade geht jedoch mit einer deutlich stärkeren Traumatisierung und damit mit einem höheren Risiko einer Nervenschädigung einher.

Eine weitere Methode zum Aufsuchen des axillären Plexus brachialis ist die **transarterielle Technik**, der eine beabsichtigte Penetration der A. axillaris zu Grunde liegt. Die Erfolgsrate liegt bei dieser Technik laut Literatur bei ca. 89 %. Unbeabsichtigte Parästhesien treten jedoch bei bis zu 12 % der Patienten auf, und bei 0,2 % sind neurologische Spätschäden beobachtet worden. Bekannte Nebenwirkungen sind versehentliche intraarterielle Injektion, Hämatombildung und Entwicklung von Pseudoaneurysmen.

Aufgrund der besonderen Anatomie des axillären Plexus brachialis gibt es einige für die Regionalanästhesie relevante Gegebenheiten, die sich auf den Blockadeerfolg niederschlagen können und die es zu berücksichtigen gilt. Gerade die Anwendung des Ultraschalls vermag in diesen Situationen eine hilfreiche Unterstützung zu geben, so dass mit der ultraschallgestützten Punktion die höchsten Erfolgsraten erzielt werden (Abb. 3.**13**).

Wichtige Strukturen in der Regio axillaris

Im axillären Bereich bzw. im proximalen Abschnitt des Oberarmes sind neben den Zielnerven die begleitenden Muskelgruppen und Gefäße zu differenzieren. Als solche sind die ventrale Muskelgruppe zu nennen, bestehend aus dem M. coracobrachialis, dem M. brachialis und dem M. biceps brachii, die alle drei durch den N. musculocutaneus innerviert werden. Die dorsale Muskelgruppe, bestehend aus M. triceps brachii und M. anconaeus, werden vom N. radialis innerviert.

Von den Gefäßen, die wichtig für die Identifikation der Zielnerven sind, ist die A. axillaris bzw. brachialis mit den entsprechenden Begleitvenen zu nennen. Die Gefäßdarstellung ist oft wichtig, um eine versehentliche intravasale Injektion zu vermeiden. Die Nadelführung sollte so gestaltet werden, dass die Gefäße „großräumig“ umgangen werden. Gerade bei Perfusionsänderungen der oberen Extremität, wie z.B. bei Dialyse-Patienten zur Shunt-Chirurgie, können die Diameter der Gefäße ein Vielfaches der Norm überschreiten, so dass eine sichere Nadelführung unter Sicht hier umso mehr erforderlich ist.

Identifikation

Die äußerst komplexe Anatomie im axillären Bereich mit unterschiedlichsten anatomischen Strukturen auf engsten Raum erfordert eine gute und sichere sonografische Darstellung. In der Praxis hat sich die quere Ultraschallebene zur Abbildung in diesem Bereich durchgesetzt (Abb. 3.**14 a–e**).

- **Muskulatur:** Um das das Gefäß-Nerven-Bündel sind die Muskelgruppen angeordnet. Im schallkopfnahen Bereich sind der M. coracobrachialis bzw. der M. biceps brachii als hypoechogene Struktur zu erkennen, die durch eine Vielzahl von Septen und Faszien unterbrochen werden. Unterhalb des Gefäß-Nerven-Bündels liegt der M. triceps brachii.
- **Gefäße:** Die Gefäße zeigen sich als hypoechogene rundliche bis ovale Strukturen. Neben den Hauptgefäßen verlaufen in dieser Region viele kleinere Gefäße, die oft als Nerven fehlinterpretiert werden. Durch leichte Kompression mit dem Schallkopf bzw. durch Anwendung des Dopplers ist eine korrekte Interpretation möglich. Auch durch das Weiterverfolgen der Struktur nach distal lässt sich erkennen, ob es sich um ein Gefäß oder um einen Nerv handelt.
- **Faszien:** Die Faszien fallen durch ihre starke dünnwandige Hyperechogenität auf. Am auffälligsten ist dabei die Faszie des M. triceps brachii, die bei korrekter Lage des Schallkopfes konvex das gesamte Ultraschallbild durchzieht (Abb. 3.**14 c**). Die Faszien des M. coracobrachialis fallen unterschiedlich häufig auf. Sie können gelegentlich die Ausbreitung des Lokalanästhetikums behindern, so dass eine Änderung der Nadelposition erforderlich ist.

- **Nerven:** Die Nerven stellen sich beim Erwachsenen als Mischung aus hyper- und hypoechogenen Zonen dar. Ihr Durchmesser schwankt zwischen 0,5 und 2 cm, wobei der N. musculocutaneus in den meisten Fällen als derjenige Nerv mit dem geringsten Durchmesser in Erscheinung tritt. N. medianus und N. ulnaris sind meist oberflächlich neben der A. axillaris/brachialis positioniert. Je nach Höhe und Verlauf erkennt man eine zunehmend lose Beziehung zur Arterie. Der N. radialis ist im Axilla-Bereich meist posterior-lateral oder anterior-lateral sichtbar, das bedeutet im Ultraschallbild, dass er „unterhalb und/oder seitlich" der Arterie zu erkennen ist. Die Lage der Nerven kann sich während der Untersuchung verändern – sie verschieben sich schon bei geringstem Druck mit dem Schallkopf.

Häufig ist die Differenzierung durch kleinere Begleitgefäße, Lymphbahnen etc. erheblich erschwert. Aus diesem Grunde sollte eine großzügige sonografische Untersuchung des gesamten Areals erfolgen, um anhand von Verlauf, Kompressionsverhalten und Beziehung zu den anderen Strukturen eine korrekte Interpretation durchführen zu können.

Punktion

Die Punktion im axillären Plexus brachialis wird dadurch erschwert, dass sich die Nerven nicht immer ausreichend sonografisch abbilden lassen. Je nach Ausgangsbedingungen erfolgt die Annäherung an die verschiedenen Zielstrukturen in unterschiedlicher Reihenfolge. Grundprinzip bei der ultraschallgesteuerten Blockade des axillären Plexus brachialis ist die Darstellung der tiefer gelegenen Nerven, in der Regel des N. radialis mit anschließender Infiltration. Beim Vorschieben der Punktionskanüle sollte versucht werden, sich so seitlich wie möglich an den Nerv anzunähern, um die anderen Nerven möglichst nicht zu tangieren (Abb. 3.**15 a–f**).

Ist eine weitere Infiltration erforderlich, sollte man sich als nächstes dem Nerv annähern, der auf derselben Seite liegt und sich beim Zurückziehen der Nadel als erster in der Nähe der Nadelspitze befindet. Durch die Rückwärtsbewegung der Kanüle wird eine Nervenirritation vermieden. Zur Annäherung an den verbleibenden Nerv wird die Kanüle dann unter sonografischer Kontrolle über die A. axillaris zur kontralateralen Seite geführt (Abb. 3.**15e**). Meist ist die sekundäre Mobilisation der Punktionskanüle jedoch nicht notwendig, da im Sonogramm ersichtlich ist, dass alle Nerven adäquat von einer Stelle aus durch das injizierte Lokalanästhetikum infiltriert werden (Abb. 3.**16 a** u. **b**).

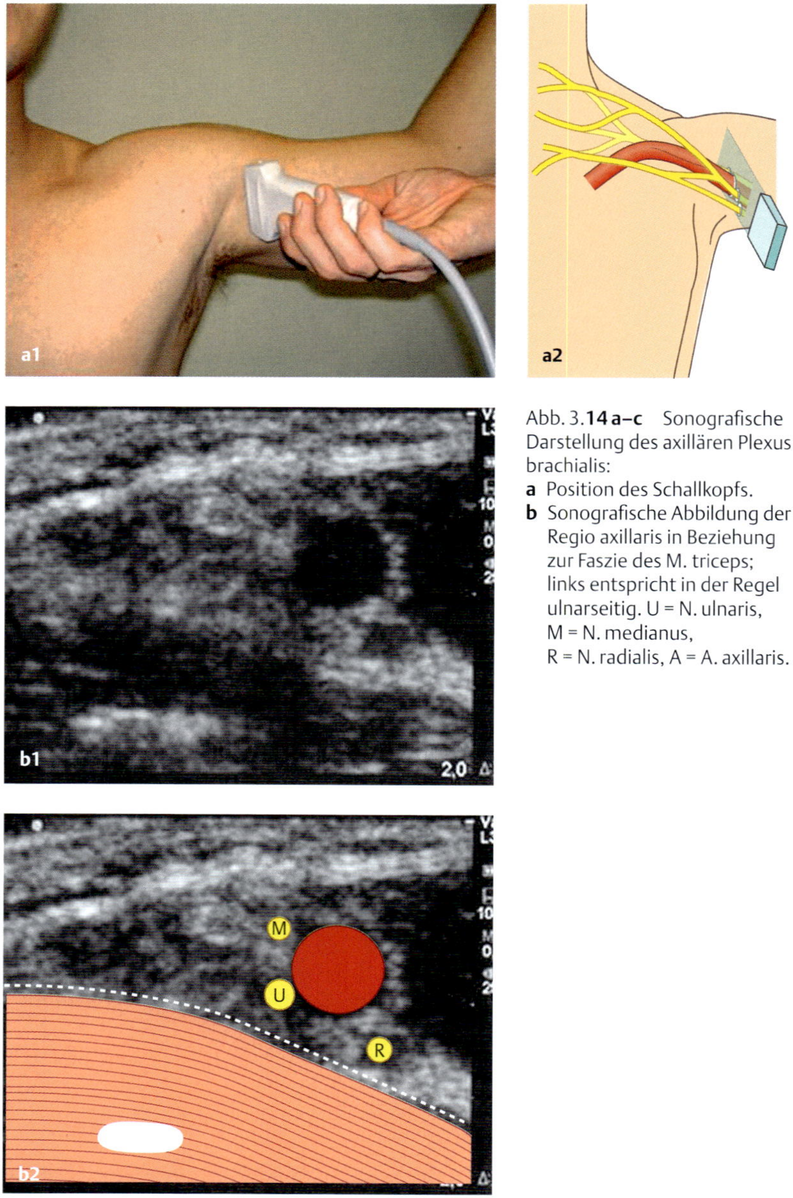

Abb. 3.**14 a–c** Sonografische Darstellung des axillären Plexus brachialis:

a Position des Schallkopfs.

b Sonografische Abbildung der Regio axillaris in Beziehung zur Faszie des M. triceps; links entspricht in der Regel ulnarseitig. U = N. ulnaris, M = N. medianus, R = N. radialis, A = A. axillaris.

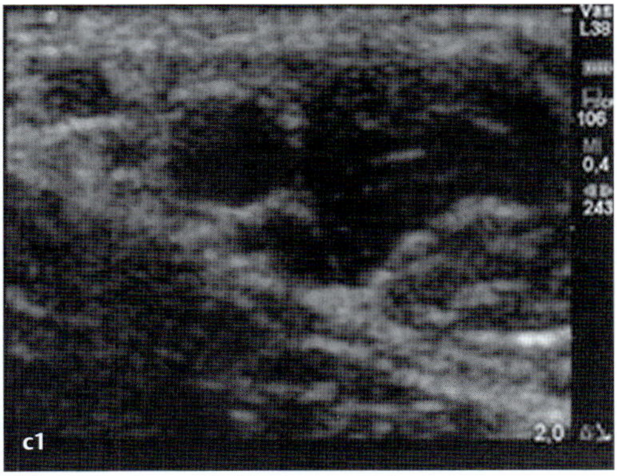

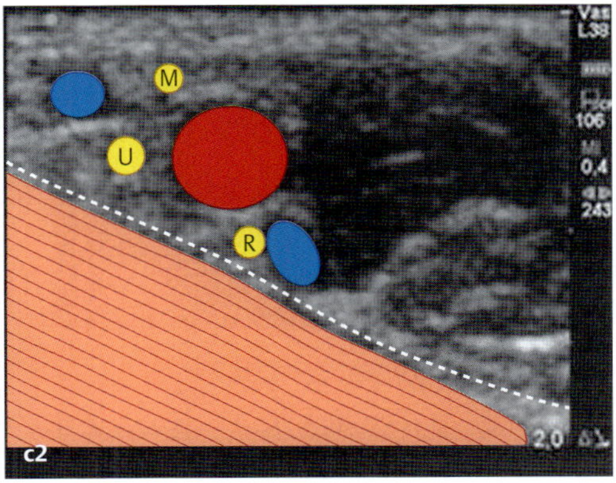

c Beachte die versehentliche Projektion der Kanülenspitze unter der Fascie des M. triceps.

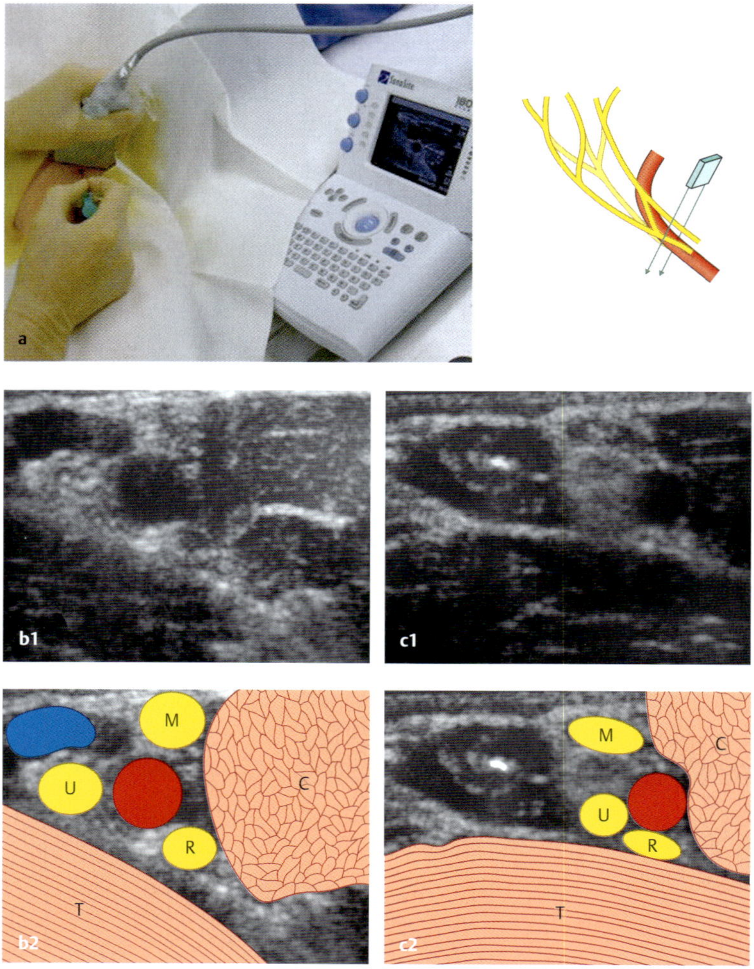

Abb. 3.**15 a–g** Infiltration des axillären Plexus brachialis:

a Position des Schallkopfes zur Blockade des axillären Plexus brachialis unter sterilen Kautelen.

b Sonografische Darstellung des axillären Plexus brachialis. U = N. ulnaris, M = N. medianus, R = N. radialis A = A. axillaris, V = V. axillaris, C = M. coracobrachialis, T = M. triceps.

c Nadel ulnarseitig eingeführt.

d Um die Kanüle breitet sich das Lokalanästhetikum aus.

e Die Kanüle wurde medianseitig umgesetzt, da das Lokalanästhetikum den N. medianus nicht adäquat erreicht hat.

f u. **g** Erfolgreiche Infiltration des axillären Plexus brachialis: Nach Zurückziehen der Kanüle und Injektion des Lokalanästhetikums umspült dieses korrekt die Nerven und die A. axillaris.

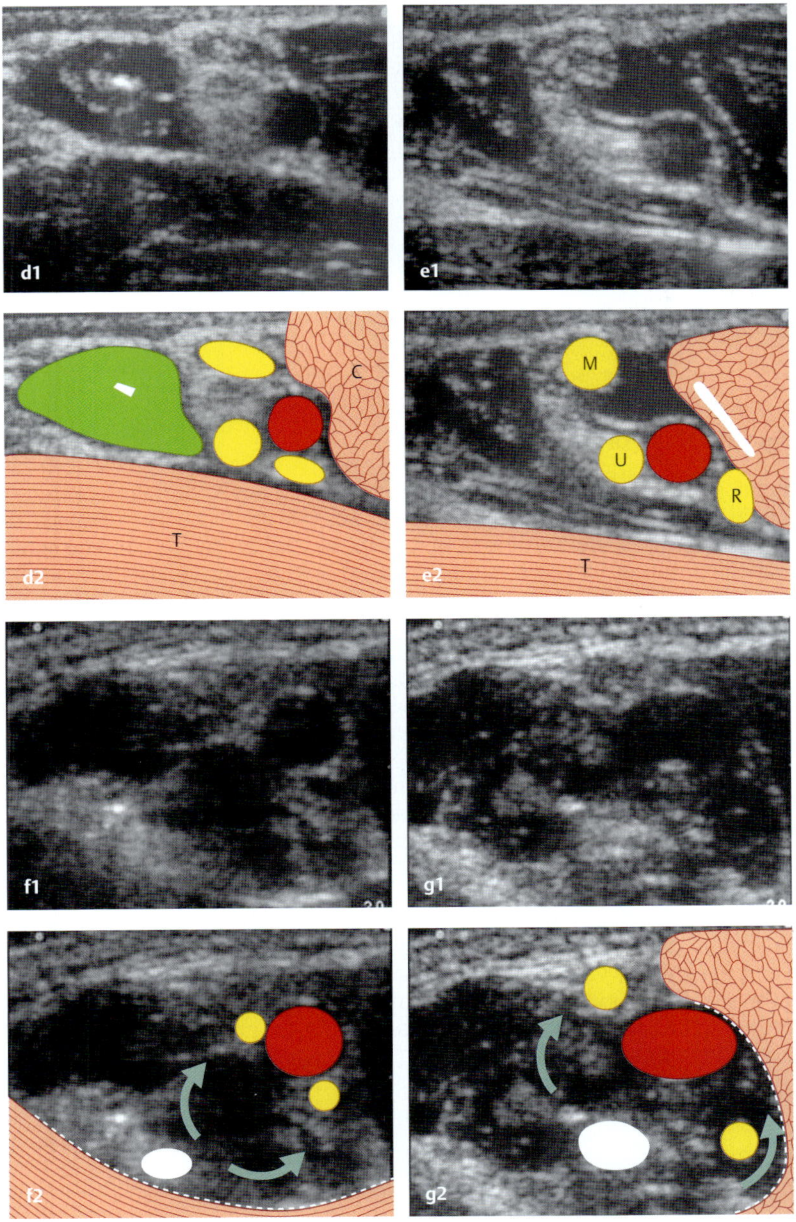
d1
e1
C
T
d2
M
U
R
T
e2
f1
g1
f2
g2

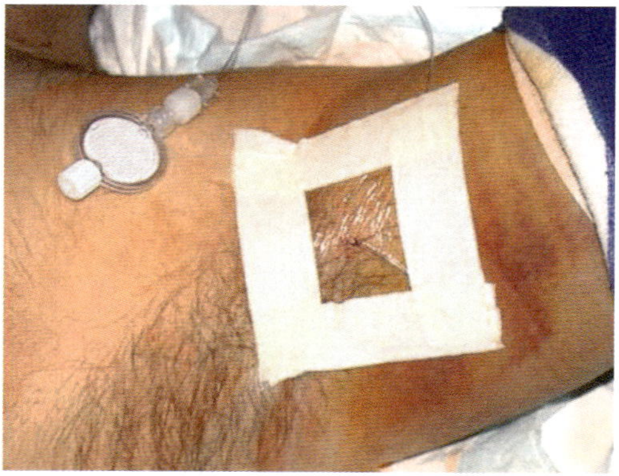

Abb. 3.**16** Fixierung des Katheters mit transparentem Material. Dadurch ist eine tägliche Inspektion der Punktionsstelle möglich.

Applikation von Lokalanästhetika

Bei der primären Injektion von Lokalanästhetika am N. radialis – wohlgemerkt auch aus einer Entfernung von ca. 0,5 bis 1 cm durchführbar – macht man sich die Faszie des M. triceps brachii zu Nutze. Bei korrekter Nadelposition breitet sich das Lokalanästhetikum zum Nerv hin aus und wird durch die Faszie daran gehindert, sich unkontrolliert zu verteilen. Oft erkennt man während des Injektionsvorganges, dass sich das Lokalanästhetikum an der Faszie entlang zur kontralateralen Seite des axillären Plexus brachialis ausbreitet und sekundär die anderen Nerven infiltriert. Eine Änderung der Nadelposition ist in diesem Falle nicht notwendig. Häufig ist das Ausbreiten des Lokalanästhetikums zur kontralateralen Seite allerdings durch andere Faszien behindert, wie die des M. coracobrachialis oder des M. biceps brachii. In solchen Fällen ist eine Änderung der Nadelposition unvermeidbar. Die verschiedenen Möglichkeiten der Ausbreitung von Lokalanästhetika im axillären Plexus brachialis machen deutlich, wie wichtig es ist, den Injektionsvorgang kontinuierlich sonografisch zu kontrollieren.

Ob sich durch die ultraschallgesteuerte Blockade des axillären Plexus brachialis die erforderlichen Lokalanästhetika-Mengen reduzieren lassen, kann derzeit nur vermutet werden. Wahrscheinlich ist es möglich, die Ergebnisse der Arbeiten von Kapral et al. zur Mengenreduktion von Lokalanästhetika bei der Blockade des N. femoralis auch auf den axillären Plexus brachialis zu übertragen.

Literatur

1. Baumgarten RK, Thomson GE. Is ultrasound necessary for routine axillary block? Reg Anesth Pain Med 2006, 31
2. Büttner J. Nervenblockaden an den oberen Extremitäten. In: Niesel HC, van Aken H, Hrsg. Regionalanästhesie, Lokalanästhesie, regionale Schmerztherapie. Stuttgart: Thieme; 2002:281-287.
3. de Andrés J, Sala-Blanch X. Ultrasound in the practice of brachial plexus anesthesia. Reg Anesth Pain Med 2002;27:77-89.
4. Demondion X, Herbinet P, Boutry N, Fontaine C, Francke J-P, Cotten A. Sonographic mapping of the normal brachial plexus. Am J Neuroradiol 2003;24:1303-1309.
5. Fleischmann E, Marhofer P, Greher M, Waltl B, Sitzwohl C, Kapral S. Brachial plexus anaesthesia in children: lateral infraclavicular vs axillary approach. Paed Anaesth 2003;13:103-108.
6. Liu FC, Lee LI, Liou JT, Hui YL, Lui PW. Ultrasound-guided axillary brachial plexus block in patients with chronic renal failure: report of sixteen cases. Chang Gung Med J 2005;28(3):180-185.
7. Perlas A, Chan VWS, Simons M. Brachial plexus examination and localization using ultrasound and electrical stimulation. Anesthesiology 2003;99:429-435.
8. Reed J, Leighton S. Ultrasound facilitation of brachial plexus block. Anaesth Intensive Care 1994;22:449.
9. Retzl G, Kapral S, Greher M, Mauritz W. Ultrasonographic findings of the axillary part of the brachial plexus. Anesth Analg 2001;92:1271-1275.
10. Schwemmer U, Markus CK, Greim CA, Brederlau J, Roewer N. Ultraschallgesteuerte Blockade des Plexus brachialis: Erfolgsraten bei multipler Injektionstechnik. Ultraschall Med 2005;26:114-119.

3.4 Infraklavikulärer Plexus brachialis

Die ultraschallgesteuerte Blockade des infraklavikulären Plexus brachialis ist ein Beispiel für die vielfältigen Modi, wobei je nach Klinik unterschiedliche Techniken bevorzugt werden.

Der infraklaviculäre Anteil des Plexus brachialis ist durch die Entwicklung des Fasciculus posterior (C5 bis Th1), des Fasciculus lateralis (C5, 6, 7) und des Fasciculus medialis (C8, Th1) gekennzeichnet, die sich aus den dorsalen und ventralen Ästen aus den interskalenären Trunki bilden, meist auf Höhe der Klavikula. Als wesentliche benachbarte anatomische Strukturen sind die inferomedial gelegene Pleurakuppel, die erste Rippe und die A. subclavia zu erwähnen. Diese sind in der Regel sonografisch gut zu identifizieren. Durch die korrekte sonografische Darstellung von Arterie oder Pleura lässt sich eine versehentliche arterielle Punktion oder die Entwicklung eines Pneumothorax vermeiden.

Mehrere ultraschallgeführte Zugangsmöglichkeiten sind bislang beschrieben worden, die unter anderem auf der Variabilität der individuellen anatomischen Gegebenheiten beruhen.

Identifikation

In der Literatur finden sich unterschiedliche Angaben bezüglich der günstigsten Einstellung des Ultraschallgerätes zur Darstellung der anatomischen Verhältnisse im Bereich des infraklavikulären Plexus brachialis. Teilweise werden Linearschallköpfe empfohlen, teilweise sind aber auch konvexe Schallköpfe erwähnt. Ebenso schwanken die Angaben hinsichtlich der empfohlenen Frequenz, die von 2,5 bis 10 MHz reichen. Für die Darstellung der Nerven ist eine höherfrequente Einstellung, möglichst mit einem Linearschallkopf, am sinnvollsten, was durch den enormen technischen Fortschritt in der Ultraschalltechnik und deren Bildverarbeitungsmöglichkeiten erheblich unterstützt wird.

Am sinnvollsten erscheint es zunächst, die A. subclavia in einer Querdarstellung abzubilden. Dabei kann meistens relativ leicht die Pleurakuppel gesichtet werden, die im schallkopffernen Abschnitt des Ultraschallbildes meist als konvexe hypoechogene Zone in Erscheinung tritt. Auch hier sind die hypoechogenen Anteile der Nerven relativ hoch, begrenzt von einem meist hyperechogenen Saum, der dem Perineurium entspricht. Die Echotextur des infraklavikulären Plexus brachialis ähnelt der sonografischen Darstellung des interskalenären Plexus brachialis.

Punktion

Auch die Angaben in der Fachliteratur zur sonografisch gesteuerten Blockade des infraklavikulären Plexus brachialis unterscheiden sich erheblich. Sie reichen von der Führung der Kanüle zum arteriellen Gefäß mit alleiniger Darstellung der Nadel im Querschnitt bis hin zur Darstellung der Punktionskanüle in der Schallebene, wobei die Kanülenspitze bis zu den jeweiligen Faszikeln geführt wird. Letztgenannter Vorschlag wird in der neueren Literatur zunehmend propagiert und scheint die Kriterien bezüglich Sicherheit und Erfolgsrate am besten zu erfüllen.

Applikation von Lokalanästhetika

Die perivaskuläre Injektion von Lokalanästhetika, die vereinzelt in der Literatur beschrieben wird, beinhaltet in der Regel nicht die sonografische Darstellung der Nervenstrukturen und deren Infiltration. Sicherer ist es aber, die einzelnen Faszikel sonografisch darzustellen und sie dann unter Sicht mit dem Lokalanästhetikum zu umspülen.

Literatur

1. Greher M, Retzl G, Niel P, Kamolz L, Marhofer P, Kapral S. Ultrasonographic assessment of topographic anatomy in volunteers suggests a modification of the infraclavicular vertical brachial plexus block. Br J Anaesth 2002;88:621-624.
2. Kapral S, Jandrasits O, Schabernig C, Likar R, Reddy B, Mayer N, Weinstabl C. Lateral infraclavicular plexus block vs. axillary block for hand and forearm surgery. Acta Anaesthesiol Scand 1999;43:1047.
3. Kapral S, Marhofer P. Ultraschall in der Regionalanästhesie, Teil II: Ultraschallunterstützte Blockaden der peripheren Nervenbahnen. Anaesthesist 2002;51:1006-1014.
4. Ootaki C, Hayashi H, Amano M. Ultraound-guided infraclavicular brachial plexus block: an alternative technique to anatomical landmark-guided approaches. Reg Anaesth Pain Med 2000;25:600-604.
5. Porter JM, McCartney L, Chan VWS. Needle placement and injection posterior to the axillary artery may predict successful infraclavicular brachial plexus block: a report of three cases. Can J Anesth 2005;52:69-73.
6. Sandhu NS, Capan LM. Ultrasound-guided infraclavicular brachial plexus block. Brit J Anaesth 2002;89:254-259.

3.5 Nervus medianus

Die solitäre Blockade des N. medianus wird selten praktiziert und es gibt derzeit nur wenige Publikationen darüber. Dennoch eignet sich der N. medianus gut zum Einüben der sonografischen Darstellung von Nerven.

Identifikation

Wie bei den meisten Nerven der oberen Extremität sollte der Schallkopf quer zum N. medianus gehalten werden. Die Längsdarstellung des N. medianus ist aufgrund dessen Verlaufs oft mit erheblichen Schwierigkeiten verbunden.

Der N. medianus liegt – ausgehend vom axillären Plexus brachialis betrachtet – sehr oberflächlich und ist daher relativ leicht sonografisch zu identifizieren. In seinem weiteren Verlauf im Bereich des Oberarmes wird der N. medianus nur sehr selten zum Zweck einer ultraschallgesteuerten Blockade aufgesucht, da er in diesem Abschnitt keine Äste abgibt. Nach distal „schraubt" er sich dann von der ventrolateralen Seite der A. brachialis über ventral auf die dorsomediale Seite der Arterie. Bis zum Ellenbogengelenk lässt sich dieser Verlauf sonografisch gut verfolgen. Im Bereich des Ellenbogens tritt der N. medianus zwischen dem humeralen und ulnaren Kopf des M. pronator teres hindurch. Der Durchtritt ist insbesondere wegen der unmittelbaren Nähe der knöchernen Strukturen des Ellenbogengelenks sonografisch schlecht darstellbar. Im Bereich des Unterarmes, wo der N. medianus an der Unterfläche des M. flexor digitorum superficialis von der A. comitans n. mediani begleitet wird, lässt er sich mittels Ultraschall leicht identifizieren. Im distalen Abschnitt des Unterarmes kann es durch die Vielzahl von Sehnen gelegentlich zu Verwechslungen kommen, zumal sich die Echotexturen der Sehnen und der peripheren Nerven stark ähneln. Die sonografische Darstellung des N. medianus auf Höhe des Karpalkanals hat insbesondere in der Diagnostik von Nervenkompressionssyndromen einen hohen Stellenwert.

Punktion

Die Vorgehensweise bei der Punktion des N. medianus unterscheidet sich nicht von der Blockade der übrigen Einzelnerven der oberen Extremität.

Applikation von Lokalanästhetika

Auch bei der Applikation von Lokalanästhetika sind Vorgehensweise und Dosierung ähnlich wie bei anderen Nerven, z. B. beim N. ulnaris.

3.6 Nervus ulnaris

Der N. ulnaris geht aus dem Fasciculus medialis hervor (C7–Th1) und verläuft nach Verlassen der Achselhöhle dorsal zwischen A. und V. axillaris. Im weiteren Verlauf durchbricht der N. ulnaris das Septum intermusculare brachii mediale und gelangt in die Extensorenloge zum Sulcus ulnaris. Je nach Anatomie kann der Nervenverlauf unterschiedlich weit nach distal verfolgt werden. Im Unterarmbereich, wo der M. flexor carpi ulnaris als Begleitstruktur des N. ulnaris dient, kann er in der Regel sonografisch gut inspiziert werden. Der N. ulnaris ist in der Querdarstellung sehr leicht zu identifizieren, da neben der Muskulatur auch Gefäße wie die A. ulnaris gut sonografisch dargestellt und verfolgt werden können.

Identifikation

Der N. ulnaris lässt sich auf den verschiedenen Höhen gut via Ultraschall ausmachen. Im Rahmen der Blockade des axillären Plexus brachialis kann der N. ulnaris oftmals als Leitnerv identifiziert werden, da er verhältnismäßig oberflächlich verläuft und einen großen Diameter (z. T. über 1 cm) aufweist. Die Nervenstruktur ist im interskalenären Raum in der Regel eher hypoechogen (Abb. 3.**17**), im axillären Bereich trifft dies aber nicht immer zu. Oft erkennt man mit der üblichen Einstellung (10 MHz) eine Mischung aus hyper- und hypoechogenen Komponenten. Auffällig ist die leichte Verschieblichkeit des Nervs, die schon durch einen geringen Druck mit dem Schallkopf erzielbar ist. Teilweise kann der N. ulnaris bis zum Sulcus ulnaris verfolgt werden (Abb. 3.**18 a** u. **b**).

Im Unterarm kann der N. ulnaris bei den meisten Patienten vom Sulcus ulnaris bis zum Handgelenk sonografisch gesichtet werden. Auch in diesen Abschnitten lässt sich die faszikuläre Zeichnung in der Querdarstellung erkennen. Lateral des N. ulnaris wird die A. ulnaris sichtbar, was die Identifikation der Nervenstrukturen deutlich erleichtert (Abb. 3.**19 a, b**). Allerdings ist bei ca. 9 % der Bevölkerung die enge Assoziation zwischen Gefäß und Nerv nicht gegeben und die Arterie verläuft bei dieser anatomischen Variation nahe der Oberfläche. Die Längsdarstellung des N. ulnaris ist in dessen gesamten Verlauf ziemlich schwierig und hat sich bislang im klinischen Alltag nicht bewährt.

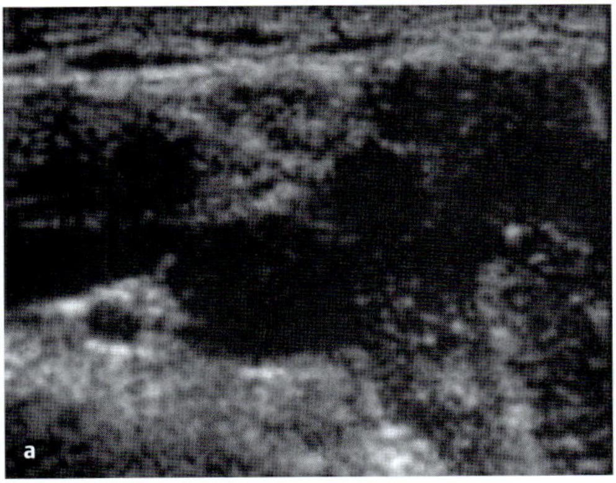

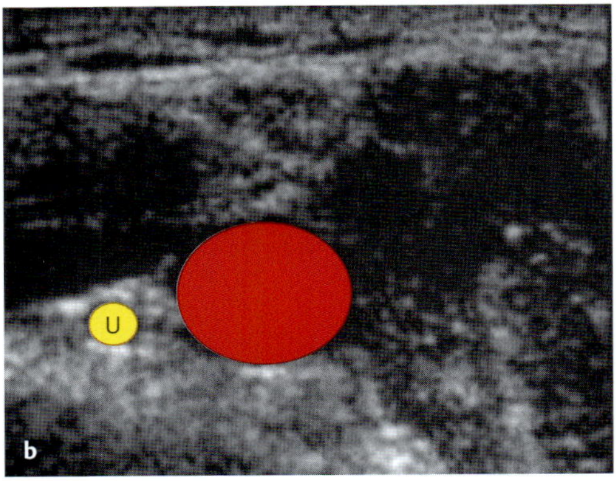

Abb. 3.**17** **a** u. **b** Der N. ulnaris stellt sich im Bereich des axillären Plexus brachialis hypoechogen dar, hier versteckt zwischen den axillären Gefäßen.

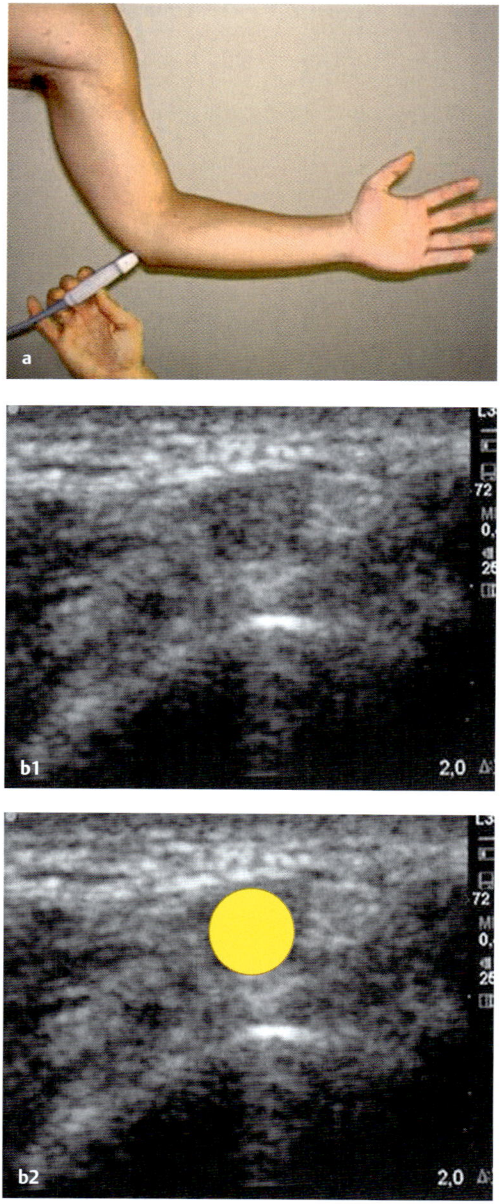

Abb. 3.**18** **a** u. **b** Sonografische Darstellung des N. ulnaris auf Höhe des Sulcus ulnaris:
a Schallkopfposition.

b N. ulnaris in Querdarstellung.

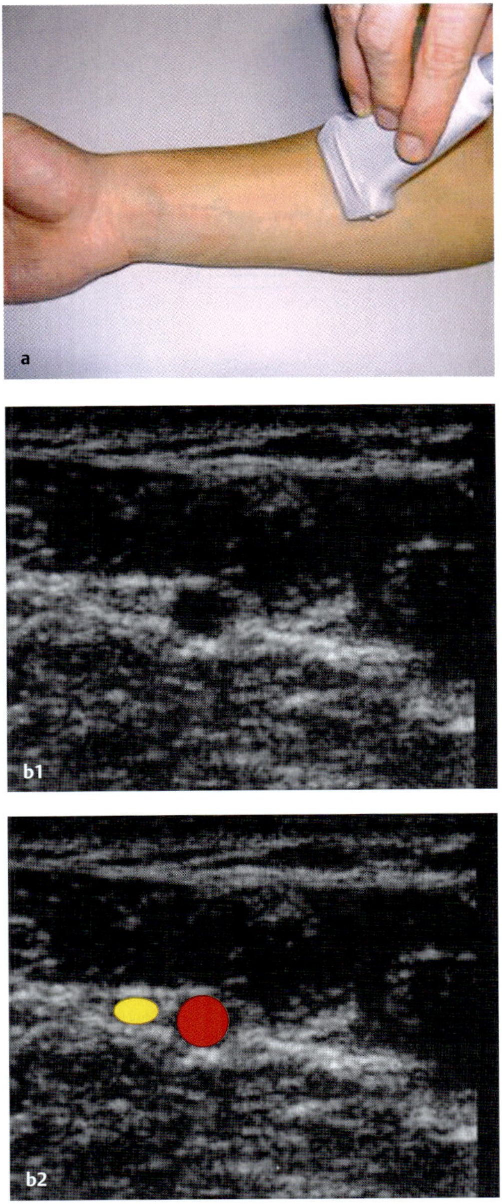

Abb. 3.**19 a** u. **b** Sonografische Darstellung des N. ulnaris im Bereich des Unterarms:
a Schallkopfposition.
b N. ulnaris in Querdarstellung.

Punktion

Auf Höhe des axillären Plexus brachialis wird von den meisten Autoren die Darstellung der Punktionskanüle sowohl in Längs- als auch in Querrichtung beschrieben und praktiziert. Es ist sicherlich empfehlenswert, sich in einer Klinik bzw. Abteilung auf einen Modus zu einigen.

Auf Höhe des Unterarmes ist die Längsdarstellung der Punktionskanüle wegen der präziseren Kontrolle der Nadelführung von Vorteil, zumal auch von den anatomischen Verhältnissen her der Spielraum dafür gegeben ist. Die Hand sollte dabei in Supinationstellung liegen mit einer Beugung im Ellenbogengelenk von 90°. Die Nadelspitze kann lateral oder medial des Nervs platziert werden; für die mediale Seite spricht, dass eine versehentliche intravasale Injektion ausgeschlossen werden kann.

Applikation von Lokalanästhetika

Die Ausbreitung der Lokalanästhetika im Bereich des axillären Plexus brachialis wird durch die Faszien des M. coracobrachialis und des M. triceps limitiert. Die Kanüle kann in dem jeweiligen Kompartiment platziert werden, in dem auch der N. ulnaris liegt. Die Faszien können das Lokalanästhetikum so halten, dass es sich sicher um den Nerv ausbreiten kann (Abb. 3.**20**). Während der Injektion ist darauf zu achten, dass die Kanüle die Faszien nicht penetriert und das Lokalanästhetikum dann weitere Bereiche infiltriert. Für eine Blockade im Bereich des Plexus brachialis genügen beim Erwachsenen in der Regel 5 bis 15 ml des Lokalanästhetikums.

Auf Höhe des Unterarmes sind meist bereits 5 ml Lokalanästhetikum ausreichend, es sollten aber keinesfalls mehr als 10 ml appliziert werden. Die Ausbreitung der Lokalanästhetika im Unterarm wird durch die Faszien des M. flexor carpi ulnaris, des M. flexor digitorum superficialis und profundus begrenzt.

Literatur

1. Gray AT, Schafhalter-Zoppoth I. Ultrasound guidance for ulnar nerve block in the forearm. Reg Anesth Pain Med 2003;28:335-339.
2. Jacquemin G, Lemaire V, Medot M, Fisette J. Bilateral case of superficial ulnar artery originating from axillary artery. Surg Radiol Anat 2001;23:139-143.
3. Puig S, Turkof E, Sedivy R, Ciovica R, Lang S, Kainberger FM. Sonographic diagnosis of recurrent ulnar nerve compression by ganglion cysts. J Ultrasound Med 1999;18:433-436.
4. Schafhalter-Zoppoth I, Gray AT. Ultrasound-guided ulnar nerve block in the presence of a superficial ulnar artery. Reg Anesth Pain Med 2004;29:297-301.

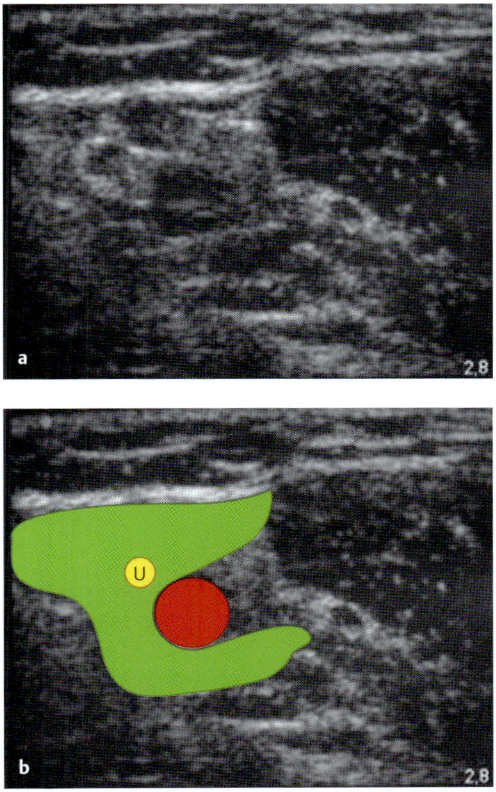

Abb. 3.**20** **a** u. **b** Umspülung des N. ulnaris mit Lokalanästhetikum, das teilweise bis zum N. medianus reicht.

3.7 Nervus radialis

Wie bereits bei den Ausführungen zur ultraschallgesteuerten Blockade des axillären Plexus brachialis erwähnt, ist die sonografische Darstellung des N. radialis (C6–Th1) mit einigen Schwierigkeiten behaftet. Diese sind bedingt durch zwei wesentliche Faktoren: Einerseits ist der N. radialis auf Höhe der Achselhöhle dorsal der A. axillaris lokalisiert, so dass die Identifikation aufgrund von Überlagerungen erschwert ist. Andererseits liegt der N. radialis bei manchen Patienten infolge der ausgeprägten Oberarmmuskulatur sehr tief, was sich negativ auf die Bildqualität auswirken kann.

Das Auffinden des N. radialis im Bereich des Oberarmes wird auch durch den spiralförmigen Verlauf zusammen mit der A. profunda brachii an der Dorsalseite des Humerus erschwert. Aufgrund der engen Beziehung zum Humerus kann nicht immer eine eindeutige sonografische Darstellung erzielt werden.

In der Ellenbogengrube teil sich der N. radialis in den Ramus superficialis n. radialis und in den Ramus profundus n. radialis, der in der dorsalen Unterarmstraße zwischen den Extensoren verläuft.

Identifikation

Aufgrund des anatomischen Verlaufs ist die Längsdarstellung des N. radialis nahezu unmöglich. Die Querdarstellung ist somit die einzige Möglichkeit, den N. radialis nach peripher zu verfolgen (Abb. 3.**21 a** u. **b,** 3.**22 a** u. **b**), was – ähnlich wie beim N. ulnaris – durch die Nähe zu Knochen und Sehnen stark limitiert sein kann. Vor allem der Versuch, die Aufzweigung in den Ramus superficialis und den Ramus profundus sonografisch darzustellen, stößt an die technischen Grenzen und Möglichkeiten. Publikationen zur sonografisch gesteuerten Blockade des N. radialis im Bereich des Unterarmes liegen bislang nicht vor. Das Reflexmuster des N. radialis entspricht denen der anderen peripheren Nerven an der oberen Extremität.

Punktion

Siehe N. medianus.

Applikation von Lokalanästhetika

Siehe N. medianus.

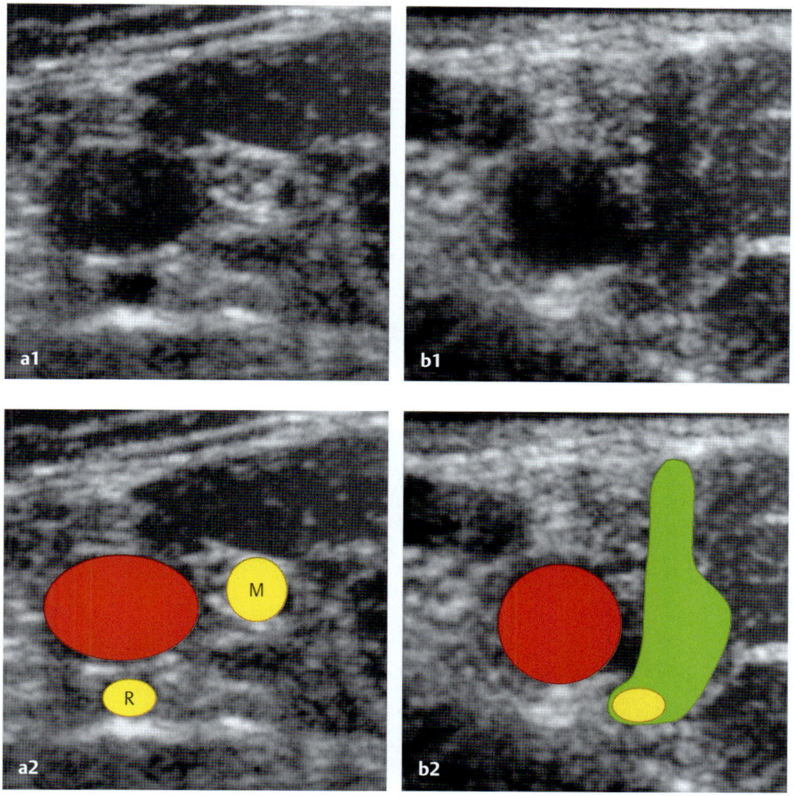

Abb. 3.**21 a** u. **b** Sonografische Darstellung des N. radialis auf Höhe der Achselhöhle:
a Hier erscheint der N. radialis (R) im Gegensatz zum N. medianus (M) stark hypoechogen.
b Primäre Infiltration des N. radialis: Das Lokalanästhetikum umspült den N. radialis, der N. medianus ist nicht mehr zu erkennen.

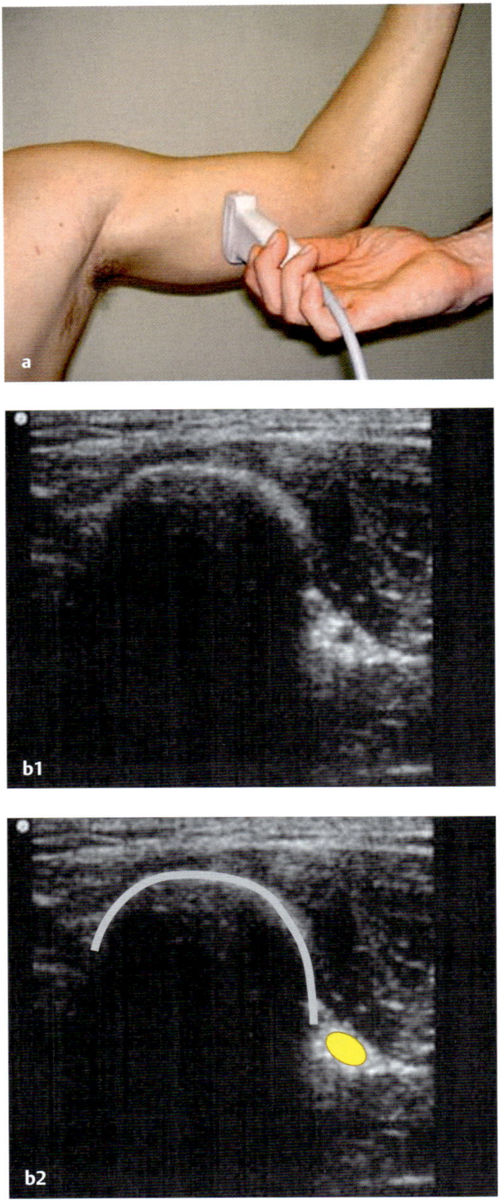

Abb. 3.**22 a** u. **b** Sonografische Darstellung des N. radialis auf Orberarmmitte:
a Position des Schallkopfes.
b Sonogramm.

3.8 Nervus musculocutaneus

Der N. musculocutaneus hat eine besondere Bedeutung bei der Blockade des axillären Plexus brachialis. Aufgrund seines relativ frühen Abgangs aus dem Plexus brachialis kann der N. musculocutaneus bei einer Plexus-Blockade häufig nicht adäquat infiltriert werden. Dadurch erscheinen häufig Lücken in der Blockadequalität und eine Konversion der Narkoseform ist demzufolge unvermeidlich.

Der N. musculocutaneus geht aus dem Fasciculus lateralis hervor und durchbricht den M. coracobrachialis in unterschiedlicher Höhe. Die Varianz diesbezüglich ist erheblich, so dass der N. musculocutaneus bei der sonografischen Inspektion des Plexus brachialis auch bei sehr proximaler Position des Schallkopfes gelegentlich als solitärer Nerv im M. coracobrachialis in Erscheinung tritt. In einigen Arbeiten konnte nachgewiesen werden, dass der N. musculocutaneus in 8–30% der Fälle den N. medianus ohne Durchtritt durch den M. coracobrachialis begleitet.

Im weiteren Verlauf zieht der N. musculocutaneus zwischen dem M. biceps brachii und dem M. brachialis und versorgt alle Flexoren des Oberarmes. Der sensible Hautast versorgt außerdem die Haut an der Radialseite des Unterarmes. Häufig kann bei Eingriffen am Radius diese Zone nicht ausreichend blockiert sein. Es besteht in diesen Fällen die Möglichkeit der ultraschallgesteuerten Nachblockade dieses Nervs.

Identifikation

Die günstigste Darstellung des N. musculocutaneus erfolgt in der Querdarstellung auf der Höhe, in der der Nerv den M. coracobrachialis durchbricht. Der Patient wird idealerweise in Rückenlage positioniert, der Arm wird abduziert und nach außen rotiert. Neben der typischen sonografischen Echotextur des Nervs (Abb. 3.**23**) können der medianseitige Abgang aus dem axillären Plexus brachialis und der anschließende Durchtritt durch den M. coracobrachialis als sicheres Zeichen zur Identifikation des N. musculocutaneus herangezogen werden.

Punktion

Für die Punktion gibt es unterschiedliche Techniken. Die sicherste Verfahrensweise ist die, bei der die Punktionskanüle in der Schallebene geführt wird. Denn die sonografische Darstellung der Nadel in ihrer gesamten Länge erlaubt die sichere Führung der Kanüle, ohne die Gefahr einer Nervenschädigung. Die Querdarstellung der Kanüle ist ebenfalls möglich. Dabei sollte darauf geachtet werden, dass der Schatten der Kanüle seitlich in Erscheinung tritt.

Applikation von Lokalanästhetika

Das Lokalanästhetikum kann ab einer Distanz von ca. 5 mm injiziert werden. Wie bei allen ultraschallgesteuerten Nervenblockaden sollte es sich anschließend um den Nerv ausbreiten (Abb. 3.**24**). Dabei genügen in der Regel 5 ml Lokalanästhetikum. Der Blockadeerfolg stellt sich laut Spence et al. nach 3,6 ± 0,9 Minuten ein.

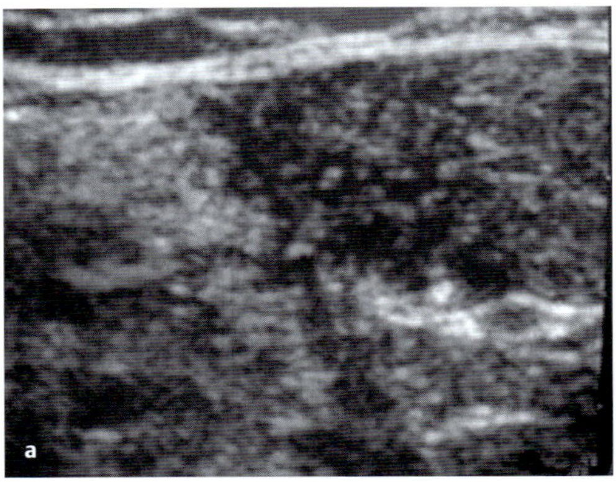

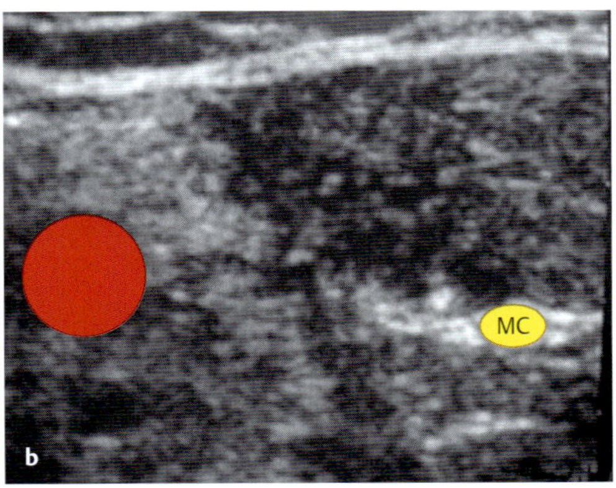

Abb. 3.**23** **a** u. **b** Querdarstellung des N. musculocutaneus nach Abgang vom axillären Plexus brachialis; beachte den Abstand zwischen A. axillaris und N. musculocutaneus.

Literatur

1. Schafhalter-Zoppoth I, Gray A. The musculocutaneous nerve: ultrasound appearance for peripheral nerve block. Reg Anesth Pain Med 2005;30:385-390.
2. Spence BC, Sites BD, Beach ML. Ultrasound-guided musculocutaneous nerve block: a description of a novel technique. Reg Anesth Pain Med 2005;30:198-201.

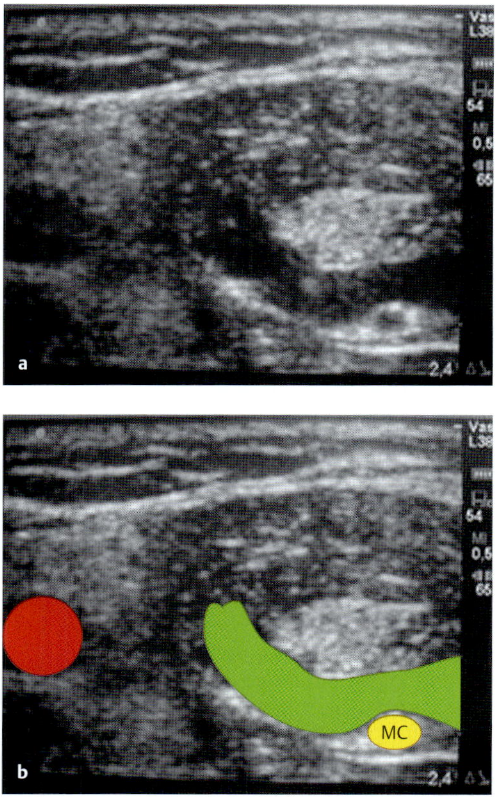

Abb. 3.**24** **a** u. **b** Sonografische Darstellung des N. musculocutaneus nach Abgang vom axillären Plexus brachialis nach Applikation von Lokalanästhetikum.

3.9 Plexus cervicalis

Der Plexus cervicalis rückt zunehmend in das Interesse der Anästhesisten. Obwohl die Blockade des Plexus cervicalis schon seit längerem praktiziert wird, kommt sie erst in den letzten Jahren zunehmend regelmäßig zum Einsatz, und zwar hauptsächlich im Rahmen der Karotis-Chirurgie (Abb. 3.**25**). Neben der zervikalen Periduralanästhesie, die relativ selten durchgeführt wird, ist die Blockade des Plexus cervicalis mittels Nervenstimulation die klassische Regionalanästhesietechnik zur Karotis-Chirurgie. Von Vorteil dabei sind die Möglichkeit des Neuromonitorings und die relative kardiovaskuläre Stabilität. Darüber hinaus wird in jüngster Zeit in der aktuellen Fachliteratur immer häufiger über die ultraschallgesteuerte Blockade des Plexus cervicalis berichtet. Durch die sonografische Kontrolle während der Blockade des Plexus cervicalis kann eine versehentliche Punktion anatomischer Strukturen, vor allem von Gefäßen (V. jugularis int., A. carotis, A. vertebralis) und Nervenstrukturen (versehentliche Punktion des interskalenären Plexus brachialis bzw. versehentliche intrathekale Punktion), somit weitestgehend vermieden werden.

Bekanntermaßen erfolgt die nervale Versorgung des Halses über die Zervikalnerven von C1 bis C4. Die Rami ventrales treten zwischen den Ansätzen des M. scalenus anterior und M. scalenus medius hervor und bilden vornehmlich den Plexus cervicalis, der motorische und sensible Fasern in verschiedene Abschnitte entsendet (Abb. 3.**26 a**). Die Fasern umschlingen quasi im weiteren Verlauf die Muskelbäuche der Skalenusmuskulatur und verlaufen zwischen deren Faszien und der Faszie des M. sternocleidomastoideus. Hierbei handelt sich um den Plexus cervicalis profundus, der vornehmlich die Halsweichteile versorgt (Abb. 3.**26 b**). Der Plexus cervicalis beinhaltet oftmals Verbindungen zwischen den einzelnen Zervikalnerven (Ansa cervicalis), meistens von C1 bis C3. Die Ansa cervicalis besteht aus dem Radix inferior und superior, die vorübergehend dem N. hypoglossus angelagert sind und die infrahyalen Muskeln versorgen.

Folgende Hautäste bilden den Plexus cervicalis superficialis (Abb. 3.**26 c**): Der N. occipitalis minor zieht aus dem Hinterrand des M. sternocleidomastoideus zum seitlichen Hinterhaupt und versorgt dort das Hautareal. Der N. auricularis magnus, ebenfalls ein Hautnerv, teilt sich in den Ramus anterior und posterior und zieht zum Kieferwinkel und hinter die Ohrmuschel. Auch der N. transversus colli aus C3, gelegentlich auch aus C2–4, teilt sich in die Rr. superiores und inferiores. Er umschlingt den M. sternocleidomastoideus und zieht nach ventral in Richtung des Zungenbeins. Die Nn. supraclaviculares versorgen die mediokaudalen Partien der Halsregion bis über dem medialen Drittel des Schlüsselbeines zur 4. Rippe hin.

Über den Sympathikusgrenzstrang verlaufen weiterhin die Fasern des N. caroticus internus und der Nn. carotici externi an der Gefäßwand der Karotiden, die für einige Blockadetechniken von Bedeutung sind. Außerdem bestehen parasympathische Verbindungen, die über den N. glossopharyngeus und den N. vagus direkte Äste zu den tiefen Halsstrukturen abgeben und ebenfalls relevant sind bei der Durchführung von Nervenblockaden.

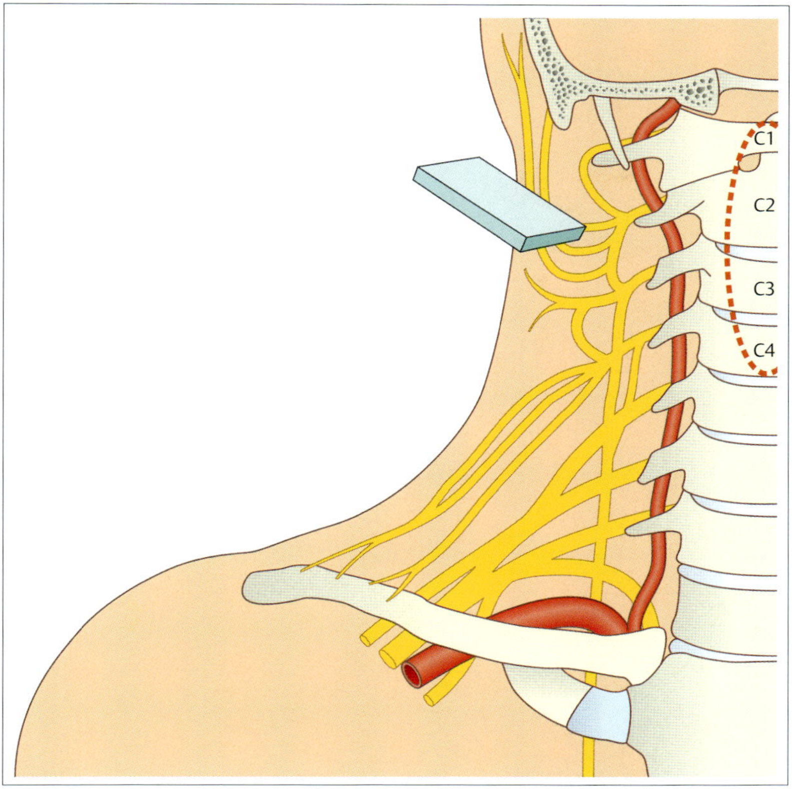

Abb. 3.**25 a–c** Plexus cervicalis:
a Übersicht und Position des Schallkopfes.

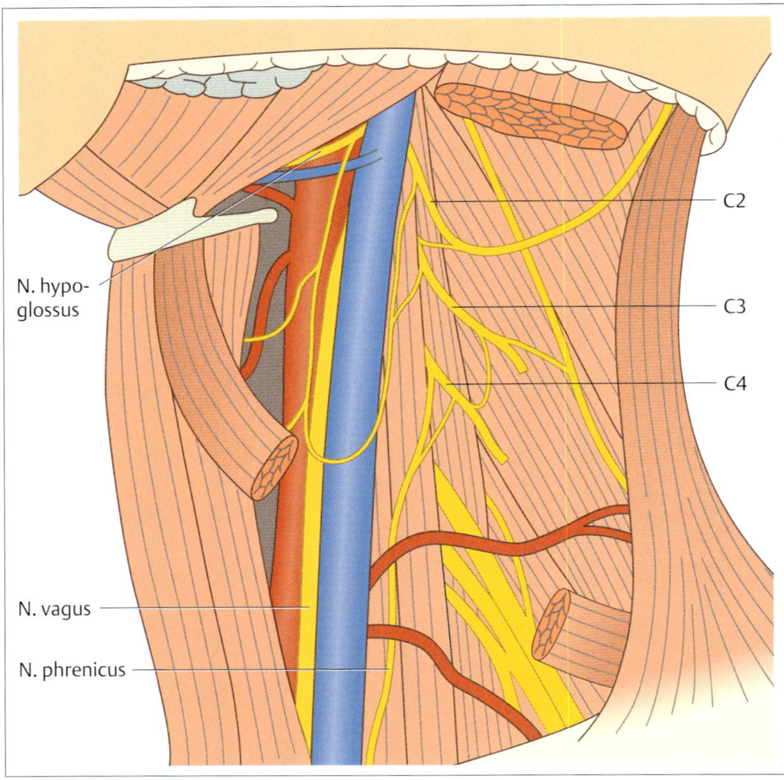

Abb. 3.**25**
b Superfizielle Anteile des Plexus cervicalis.

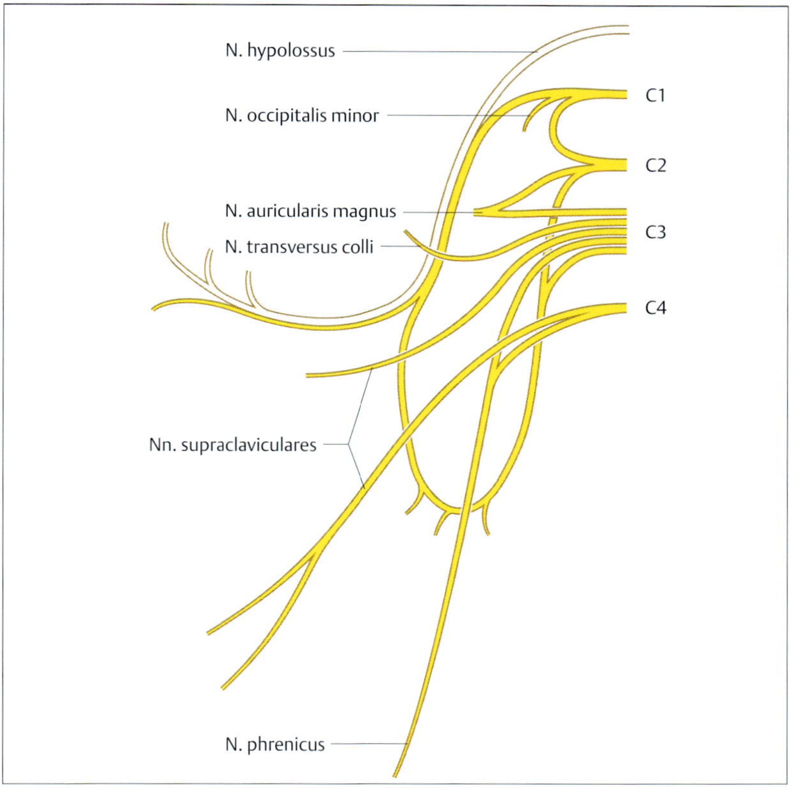

Abb. 3.**25**
c Profunde Anteile des Plexus cervicalis.

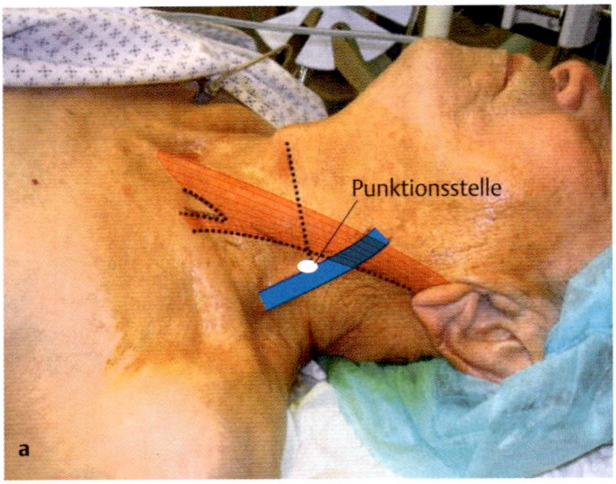

Abb. 3.**26 a–c** Ultraschallgestützte Blockade des Plexus cervicalis:

a Landmarken zur Orientierung: Hinterkante des M. sternocleidomastoideus, Krikoid. Beachte die Nähe der V. jugularis externa zum Punktionsort.

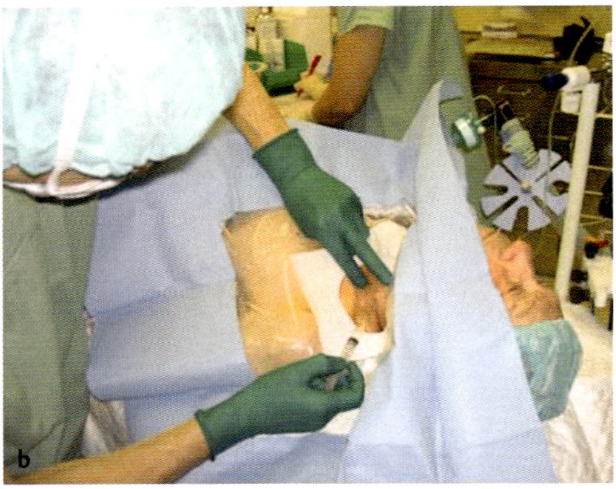

b Subkutane Infiltration zur Blockade des Plexus cervicalis profundus.

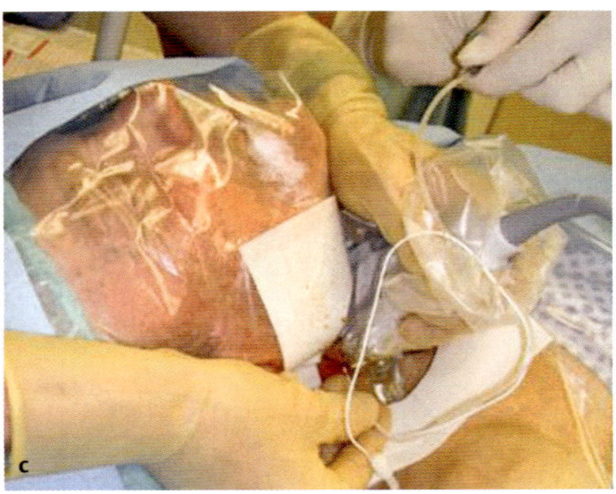

c Beziehung von Schallkopf und Punktionskanüle.

Identifikation

Es ist wichtig zu beachten, dass mit den handelsüblichen Ultraschallgeräten die einzelnen Fasern des Plexus cervicalis *nicht* sonografisch dargestellt werden können. Das heißt, für die ultraschallgesteuerte Blockade des Plexus cervicalis sind Kenntnisse des Raumes erforderlich, den die Nervenfasern in ihrem Verlauf durchtreten. Zielort für die Punktion und die Applikation von Lokalanästhetika ist die Zone zwischen dem M. scalenus anterior und dem M. sternocleidomastoideus (Abb. 3.**27 a–c**). Analog zur ultraschallgesteuerten Blockade des interskalenären Plexus brachialis werden zunächst die Halsgefäße dargestellt und anschließend die Skalenusmuskulatur aufgesucht. Dies gelingt am besten auf Höhe der Bifurkation der - A. carotis communis. In der Regel kann in dieser Projektion der N. vagus gesichtet werden.

Punktion

Auch die Punktion zur Blockade des Plexus cervicalis ähnelt der ultraschallgesteuerten Blockade des interskalenären Plexus brachialis: Die Kanüle wird von lateral kommend in der Schallebene geführt. Die Kanülenspitze wird auf der Faszie des M. scalenus anterior und unter der Fascie des M. sternocleidomastoideus vorgeschoben (Abb. 3.**28 a**). Es ist dabei nicht notwendig, unmittelbar Kontakt zur A. carotis communis zu suchen.

Applikation von Lokalanästhetika

Das Fehlen der sonografischen Darstellung von Nervenstrukturen des Plexus cervicalis erfordert einen Erfolgsnachweis, der sich von den bislang beschriebenen ultraschallgesteuerten Nervenblockaden erheblich unterscheidet. Das Hauptaugenmerk ist hier auf die richtige Ausbreitung des Lokalanästhetikums zu richten. Das heißt, es sollte sich eine neue hypoechogene Zone zwischen dem M. scalenus anterior und dem M. sternocleidomastoideus bilden (Abb. 3.**28 b, c**). Im weiteren Verlauf der Injektion ist – bei korrekter Position der Kanüle – zu erkennen, dass sich das Lokalanästhetikum in Richtung A. carotis communis ausbreitet und diese teilweise umspült (Abb. 3.**28 d**).

Der Vollständigkeit halber sollte noch darauf hingewiesen werden, dass die beschriebene Vorgehensweise ausschließlich die Blockade des Plexus cervicalis profundus beinhaltet. Die Blockade des Plexus cervicalis superficialis kann bei dieser Technik integriert sein, was aber nicht immer der Fall ist. Aus diesem Grunde wird eine zusätzliche Applikation von Lokalanästhetika streng subkutan an der gleichen Einstichstelle wie für die profunde Blockade empfohlen (Abb. 3.**29**). Zudem sollte daran gedacht werden, dass im Rahmen der Karotis-Chirurgie eine kontinuierliche gering dosierte

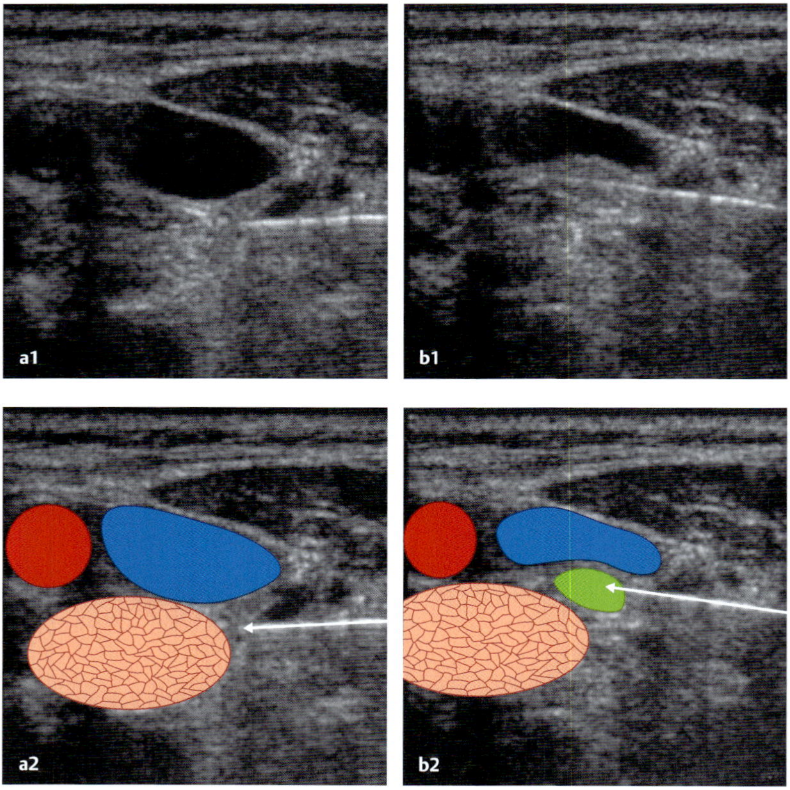

Abb. 3.**27 a–d** Sonografische Überwachung der Blockade des Plexus cervicalis:

a Längsdarstellung der Punktionskanüle, die auf die Faszie des M. scalenus anterior zugeführt wird.

b u. **c** Die Injektion des Lokalanästhetikums führt zur Kompression der V. jugularis.

d Im Verlauf der Blockade des Plexus cervicalis wird häufig eine sekundäre Umspülung der A. carotis communis beobachtet.

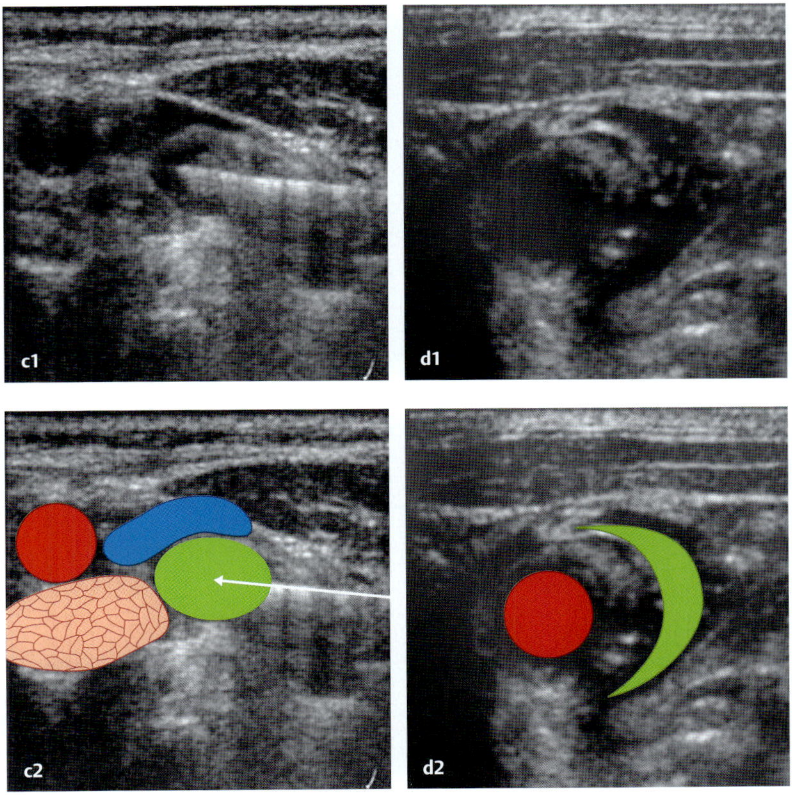
c1
d1
c2
d2

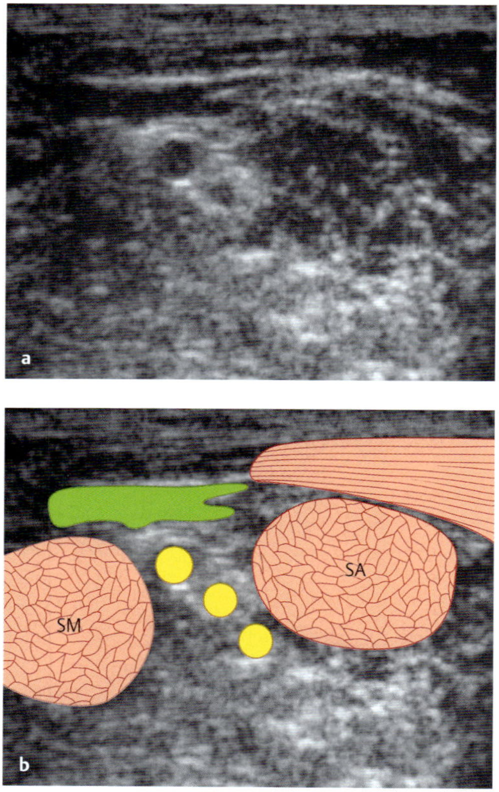

Abb. 3.**28** **a** u. **b** Die Trunki (T) des interskalenären Plexus brachialis werden durch die Ausbreitung des Lokalanästhetikums (LA) zur Blockade des Plexus cervicalis in aller Regel nicht infiltriert. Eine kontralaterale Phrenicus-Parese muss jedoch immer ausgeschlossen werden.

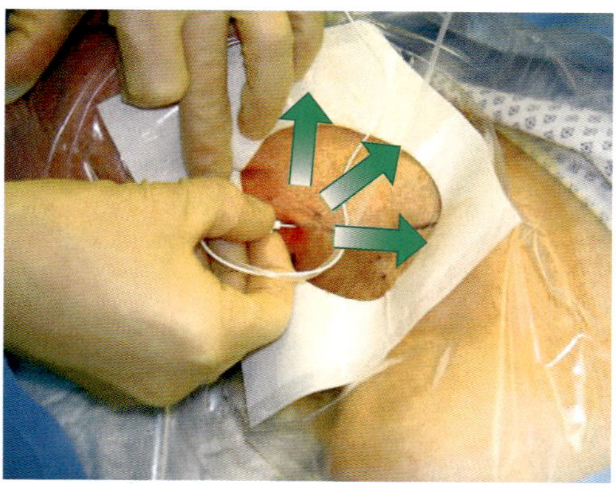

Abb. 3.**29** Blockade des Plexus cervicalis superficialis.

Applikation von Sedativa/Analgetika erforderlich sein kann, um den durch die Lagerung evozierten Diskomfort zu reduzieren.

In einigen wenigen Kliniken werden bei Anwendung des Zervikalblocks (analog zur Blockade des interskalenären Plexus brachialis) zum Ausschluss einer kontralateralen Phrenikusparese regelhaft die Beweglichkeit des Diaphragmas beidseits via Ultraschall überprüft. Dies erfordert einerseits einen Wechsel des Schallkopfes zu einem Konvexscanner, andererseits sollte die entsprechende Erfahrung zur korrekten Befunderhebung vorhanden sein(siehe Kapitel 4).

Literatur

1. Barnett HJ, Taylor DW, Eliasziw M, Fox AJ, Ferguson GG, Haynes RI, Rankin RN, Clagett GP, Hachinski VC, Sackett DL, Thorpe KE, Heather E, Meldrum HE, Spence JD. Benefit of carotid endarterectomy in patients with symptomatic moderate or severe stenosis. N Engl J Med 1998;339:1415-1425.
2. Bonnet F, Derosier JP, Pluskwa F, Abhay K, Gaillard A. Cervical epidural anaesthesia for carotid artery surgery. Can J Anaesth 1990;37:353-358.
3. Bowyer MW, Zierold D, Loftus JP, Egan JC, Inglis KJ, HAlow KD. Carotid endarterectomy: A comparison of regional versus general anesthesia in 500 operations. Ann Vasc Surg 2000;14:145-151.
4. Büttner J. Nervenblockaden an den oberen Extremitäten. In: Niesel HC, van Aken H, Hrsg. Lokalanästhesie, Regionalanästhesie, regionale Schmerztherapie. Stuttgart: Thieme; 2002:297-300.
5. Eckstein HH, Heider P, Wolf O. Chirurgische Therapie extrakranieller Karotisstenosen. Dtsch Ärztebl 2004;41:2753-2762.
6. Kainuma M, Shimade Y, Matsuura M. Cervical epidural anaesthesia in carotid artery surgery. Anaesthesia 1986;41:1020-1023.
7. Litz RJ, Wiessner D, Roessel T, Seifert S, Koch T. Ultrasound-guided interscalene cervical block for carotid endarterectomy. Reg Anesth Pain Med 2006, 30:15
8. McCarthy RJ, Walker R, McAteer P, Budd JS, Horrocks M. Patients and hospital benefits of local anaesthesia for carotid endarterectomy. Eur J Vasc Endovasc Surg 2001;22:13-18.
9. McClearly AJ, Maritagi G, Gough MJ. Carotid endarterectomy: local or general anaesthesia? Eur J Vasc Endovasc Surg 2001;22:1-12.
10. Rettig HC, Gielen MJ, Boersma E, Klein J, Groen GJ. Vertical infracavicular block of the brachial plexus : effects on hemidiaphragmatic movement and ventilatory function. Reg Anesth Pain Med 2005, 30:529-535
11. Rundshagen I. Carotischirugie: Lokalanästhesie oder Neuromonitoring. Anästhesiol Intensivmed Notfallmed Schmerzther 2004;39:110-112.
12. Stoneham MD, Knighton JD. Regional anaesthesia for carotid endarterectomy. Br J Anaesth 2001;87:641-644.
13. Tangkanakul C, Counsell C, Warlow C. Local versus general anaesthesia for carotid endarterectomy. Cochrane Database Syst Rev 2004;2:CD000126
14. Trop D. Carotid endarterectomy: general is safer than regional anesthesia. J Cardiothorac Anesth 1987;1:483-488.
15. Zölß C, Senekowitsch C, Ptakovsky H. Karotisoperation in Lokoregionalanästhesie. Gefässchirurgie 2003;8:51-54.

3.10 Nervus femoralis

Als eine der am häufigsten in der anästhesiologischen Fachliteratur beschriebenen und untersuchten ultraschallgesteuerten Blockaden peripherer Nerven gilt die Blockade des N. femoralis bzw. der 3-in-1-Block. Aufgrund der einfachen sonografischen Darstellung des N. femoralis und die dadurch leicht durchzuführende Blockade (Abb. 3.**30** u. **31 a–e**) lässt sich Zeit sparen, die Anschlagzeit verkürzen und der Blockade-Erfolg deutlich erhöhen. Die Blockade-Technik wird relativ häufig durchgeführt, zumal im klinischen Alltag eine Vielzahl von Indikationen auftritt.

Identifikation

Der N. femoralis erscheint im Querschnitt in der Regel als hyperechogene Struktur (Abb. 3.**32**). Dabei ist nicht immer eine eindeutige rundliche bis ovale Struktur erkennbar, häufig erscheint der Nerv als unruhig konturierte Fläche. Ursache dafür ist die nicht immer orthograd getroffene Nervendarstellung; dazu stellt sich die Frage, ob bei relativ proximalem Anschnitt eine Summation mehrerer nebeneinander liegender Nervenfasern zu erkennen ist.

Die im Rahmen des 3-in-1-Blocks mit blockierten Nerven, wie der N. obturatorius bzw. cutaneus femoris lateralis, können aufgrund ihrer sehr geringen Diameter für gewöhnlich mit den handelsüblichen Ultraschallgeräten nicht ausgemacht werden. Für die korrekte Darstellung des N. femoralis ist die Identifikation der Leistengefäße (A. und V. femoralis), des Ligamentum inguinale und der Fascia ileopectinea von Bedeutung. Alle diese anatomischen Strukturen sind am besten in Querdarstellung auffindbar. Gerade bei erheblichen anatomischen Veränderungen wie Adipositas, Voroperationen etc. ist die sonografische Darstellung in der Leistengegend sehr gut möglich. In seltenen Fällen können Nebenbefunde ermittelt werden, z. B. Thrombosen, Aneurysmen, Hämatome etc., was Konsequenzen für das weitere Procedere haben kann.

Punktion

Für die ultraschallgesteuerte Blockade des N. femoralis ist – nach Darstellung in Querrichtung – sowohl die Einführung der Punktionskanüle in der Schallebene möglich (von lateral nach medial) als auch die Einstichrichtung zur Schallebene, ähnlich wie bei Anwendung des Nervenstimulators. Im ersten Fall ist die Nadel in ihrer gesamten Länge zu erkennen, im zweiten Fall wird die Nadel anhand der Gewebekomprimierung und der punktförmigen hyperechogenen Zone identifiziert (Abb. 3.**33 a, b**). In beiden Fällen genügt es, die Nadelspitze unter der Fascia ileopectinea zu platzieren.

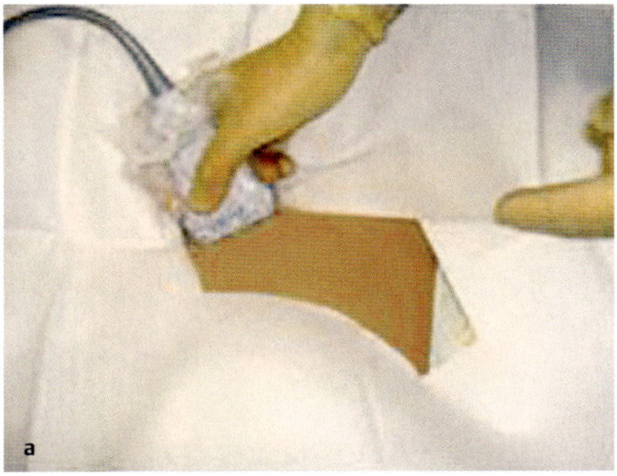

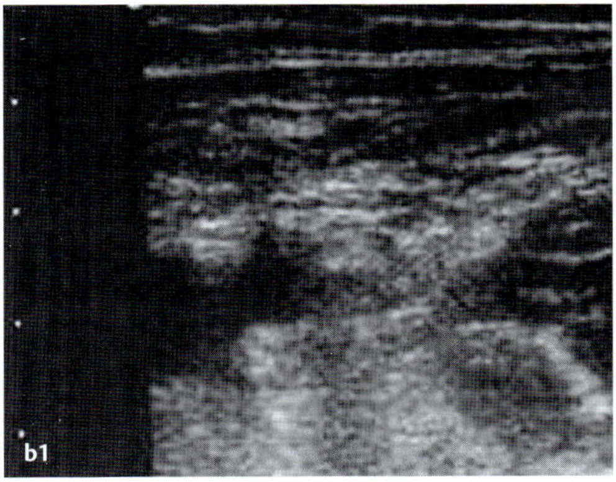

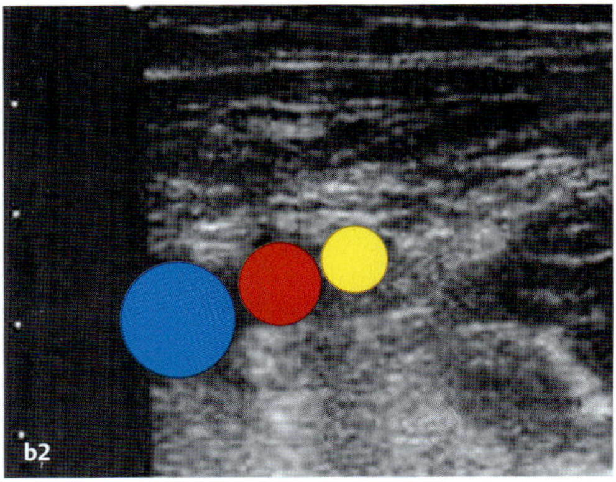

Abb. 3.**30** **a** u. **b** Subkutane Infiltration zur Blockade des Plexus cervicalis superficialis.

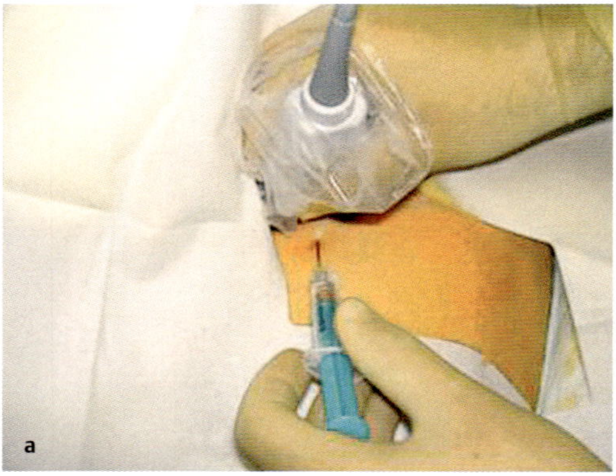

Abb. 3.**31 a–d** Vorgehensweise bei der ultraschallgesteuerten Blockade des N. femoralis und der Anlage eines Katheters:
a Infiltration von Lokalanästhetikum.

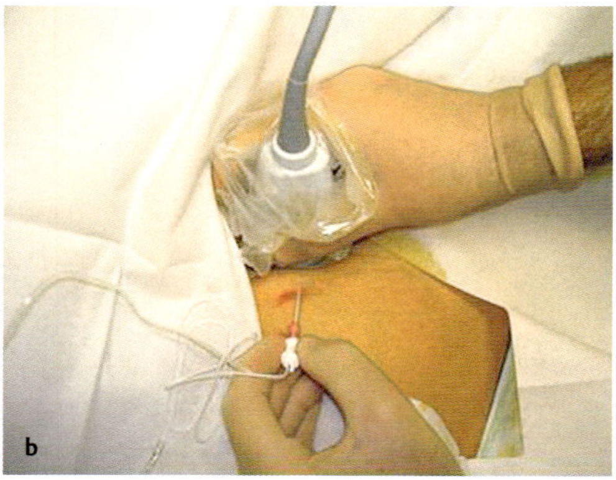

b Positionierung der Punktionskanüle.

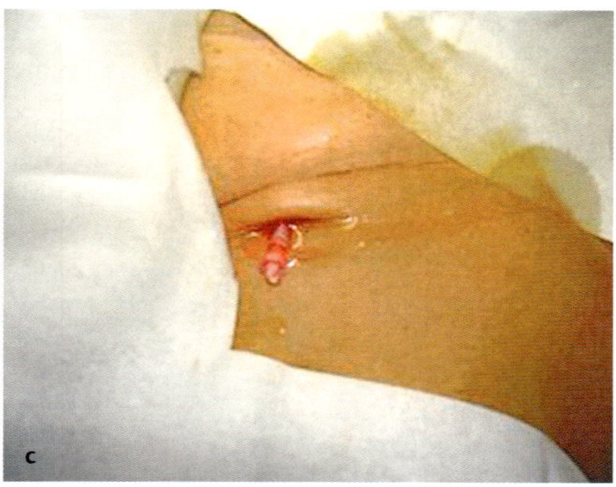

c Das Lokalanästhetikum tropft langsam zurück, was ein Hinweis auf die korrekte Platzierung des Depots ist.

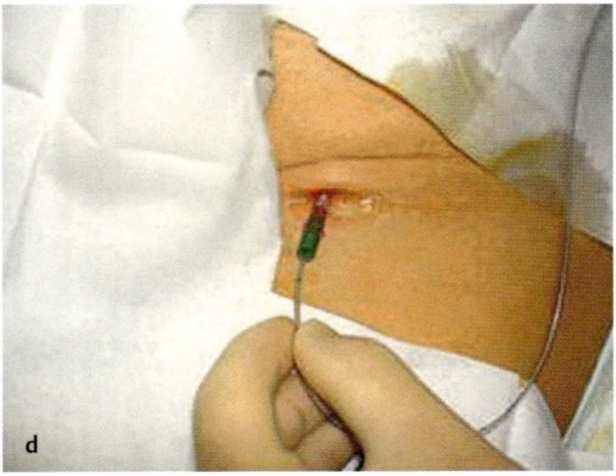

d Einführen des Katheters.

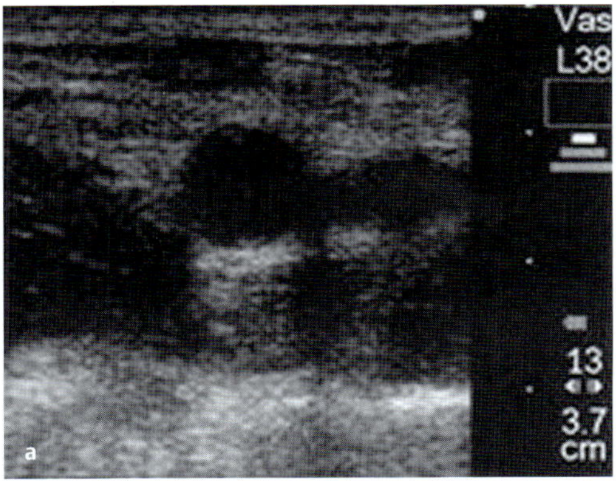

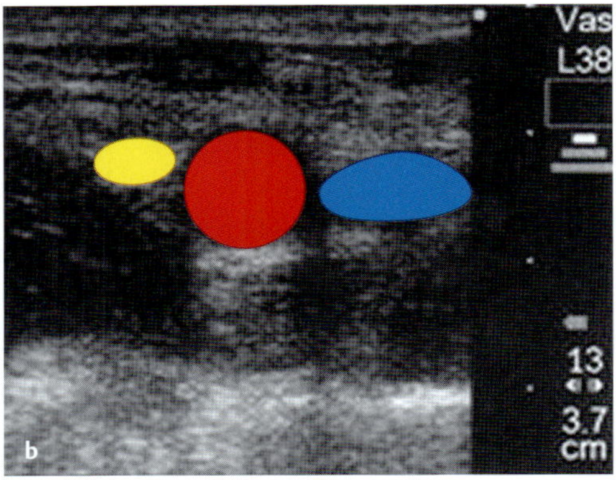

Abb. 3.**32** **a** u. **b** Sonografischer Befund der Regio inguinalis mit N. femoralis sowie den entsprechenden Gefäßen (A. und V. femoralis).

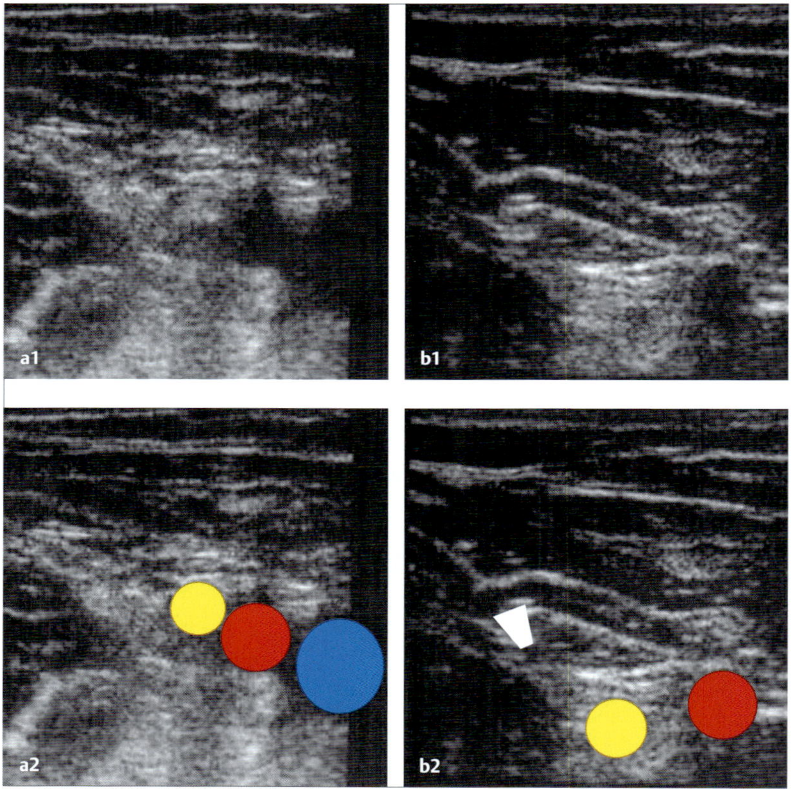

Abb. 3.**33 a–d** Ultraschallgesteuerte Blockade des N. femoralis:
a Sonografische Identifikation des N. femoralis.
b Identifikation der Punktionskanüle anhand der Gewebekomprimierung und der punktförmigen hyperechogenen Zone. Die Kanüle wird bewusst lateral des N. femoralis in einem sicheren Abstand positioniert.

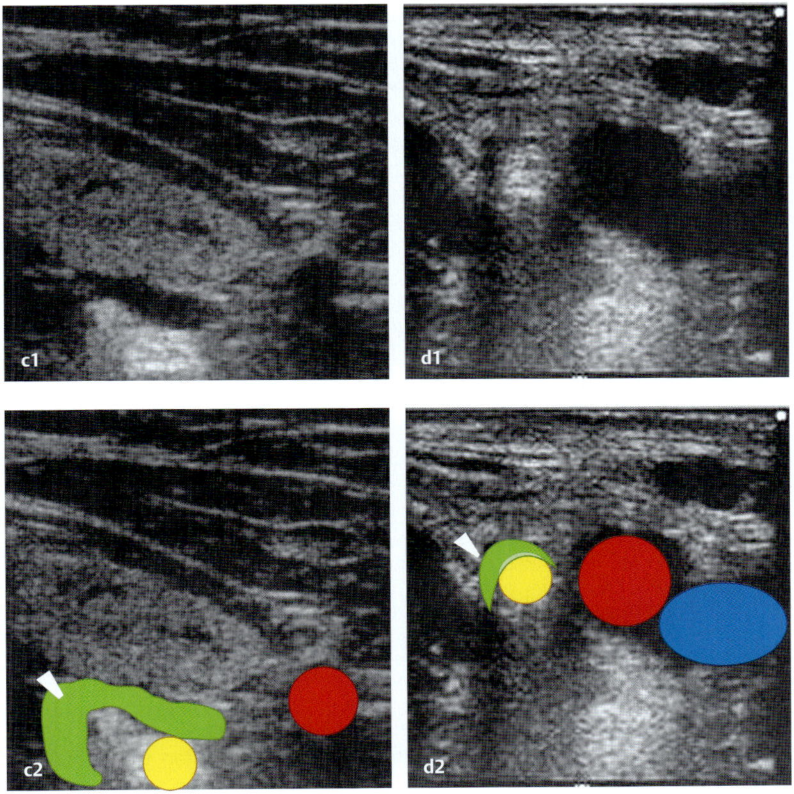

c Korrekte Ausbreitung des Lokalanästhetikums.
d Adäquate Umspülung des N. femoralis mit Lokalanästhetikum. Kanüle in unmittelbarer Nähe von Nervenstrukturen.

Applikation von Lokalanästhetika

Die Punktionsnadel kann sonografisch gesteuert leicht zum N. femoralis geführt werden. Die entsprechende Beziehung zwischen Kanülenspitze, Lokalanästhetikum und Zielnerv ist aufgrund der relativen oberflächlichen Lage einfach durchzuführen (Abb. 3.**34**). Das Lokalanästhetikum kann jedoch auch aus einer relativ großen Entfernung zum Nerv injiziert werden. Bei korrekter Ausbreitung ist die meist komplette Umhüllung des N. femoralis zu beobachten (Abb. 3.**33c**). Darüber hinaus wird das Depot des Lokalanästhetikums von der Fascia ileopectinea von ventral aus scharfkantig begrenzt. Die Begrenzung des Depots nach medial zu den Leistengefäßen ist nicht immer als strikte Abgrenzung erkennbar.

Wie bei den meisten peripheren Nervenblockaden, so kann auch in diesem Falle eine Katheter-Anlage nach korrekt appliziertem Depot an Lokalanästhetikum durchgeführt werden (Abb. 3.**35** u. 3.**36**)

Literatur

1. Gruber H, Peer S, Kovacs P, Marth R, Bodner G. The ultrasonographic appearance of the femoral nerve and cases of iatrogenic impairment. J Ultrasound Med 2003;22:163-172.
2. Marhofer P, Oismüller C, Faryniak B, Sitzwohl C, Mayer N, Kapral C. Three-in-one blocks with ropivacaine: evaluation of sensory onset time and quality of sensory block. Anesth Analg 2000;90:125.
3. Marhofer P, Schrögendorfer K, Koinig H, Kapral S, Weinstabl C, Mayer N. Ultrasonographic guidance improves sensory block and onset time of three-in-one blocks. Anesth Analg 1997;85:854-857.
4. Sites BD, Beach M, Gallagher JD, Jarrett RA, Sparks MB, Lundberg CJF. A single injection ultrasound-assisted femoral nerve block provides side effect-sparing analgesia when compared with intrathecal morphine in patients undergoing total knee arthroplasty. Anesth Analg 2004;99:1539-1543.
5. Soong J, Schafhlter-Zoppoth I, Gray AT. The importance of transducer angle to ultrasound visibility of the femoral nerve. Reg Anesth Pain Med 2005, 30:505

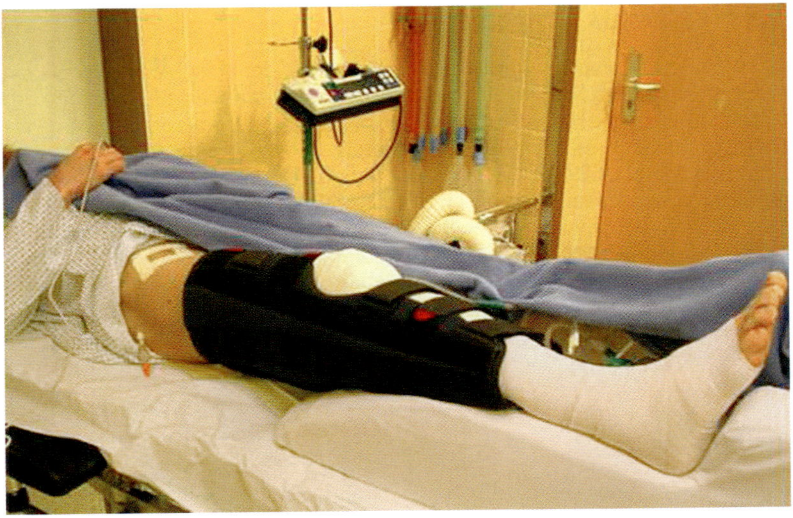

Abb. 3.**34** Beispiel einer Fixation eines Femoraliskatheters.

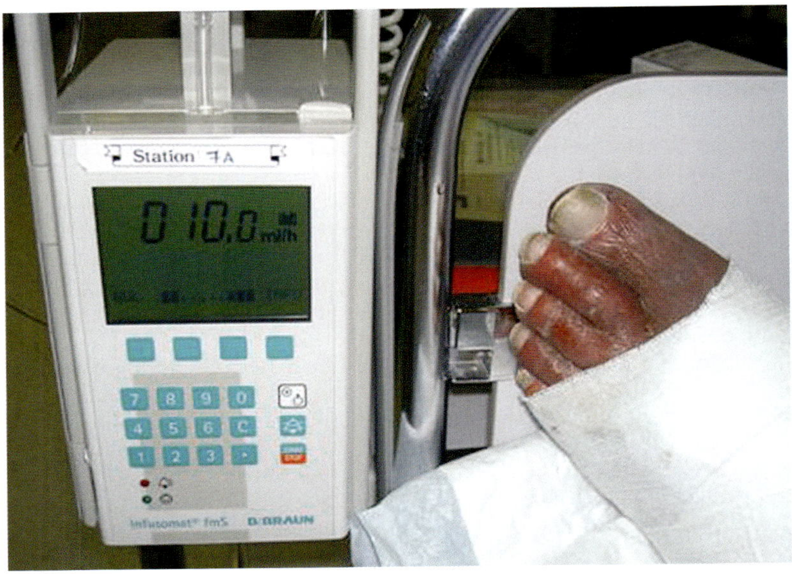

Abb. 3.**35** Beispiel einer kontinuierlichen Applikation von Lokalanästhetika im Bereich der perioperativen Schmerztherapie.

3.11 Nervus ischiadicus

Dank seiner Länge und seiner großen Diameter ist der N. ischiadicus an vielen Punktionsorten leicht zugänglich. Aus diesem Grunde wird die Blockade des N. ischiadicus zunehmend angewandt sowohl zur perioperativen Schmerztherapie als auch bei chronischen Schmerzen, insbesondere bei Ischämieschmerzen (Abb. 3.**37**). Im klinischen Alltag bietet sich eine Reihe von Möglichkeiten und Indikationen für eine Blockade des N. ischiadicus. Dazu wurde eine Vielzahl von speziellen Blockade-Techniken entwickelt, die mittlerweile auch in der ultraschallgestützten Regionalanästhesie eingesetzt werden.

Da der N. ischiadicus sonografisch relativ leicht zu erkennen ist und die Indikation für eine Blockade relativ häufig gestellt wird, bietet es sich an, den N. ischiadicus als „Einstiegsmedium" für den Anfänger in der ultraschallgesteuerten Regionalanästhesie zu nutzen.

Identifikation

Für die Qualität der sonografischen Darstellung des N. ischiadicus ist insbesondere die Position, an der er aufgesucht wird, von elementarer Bedeutung. Der N. ischiadicus, der von glutäal bis popliteal größtenteils zwischen den verschiedenen Adduktoren und Flexoren des Oberschenkels zieht, sollte grundsätzlich im Querschnitt dargestellt werden. Auch hier gilt die Regel, dass der günstigste Winkel zwischen Schallebene und Nerv empirisch ermittelt werden muss.

Im Allgemeinen ist der N. ischiadicus als eine große hyperechogene Zone erkennbar, die mit unterschiedlich großen hypoechogenen „Arealen" durchsetzt ist. Wegen der relativen Nähe großer Muskelmassen, die ebenfalls große hyperechogene Anteile haben können, ist das Aufsuchen gelegentlich schwierig, in diesem Fall ist auf eine weiter distal gelegene Position auszuweichen.

Es wird gelegentlich erwähnt, dass während der sonografischen Inspektion eine willkürliche Bewegung des Fußes, eine Rotation des N. ischiadicus zu beobachten ist („seesaw sign"). Dieser Effekt kann ebenfalls als Kriterium bei der Identifikation genutzt werden.

Folgende Darstellungsmöglichkeiten werden in der Literatur beschrieben:

- **Transglutäale Darstellung:** Die transglutäale sonografische Darstellung des N. ischiadicus ist mit den derzeit zur Verfügung stehenden Ultraschall-Einheiten nur sehr schwierig zu realisieren. Dies beruht hauptsächlich darauf, dass der Nerv tief unter der Glutäalmuskulatur verläuft (< 7 cm ab Hautniveau).

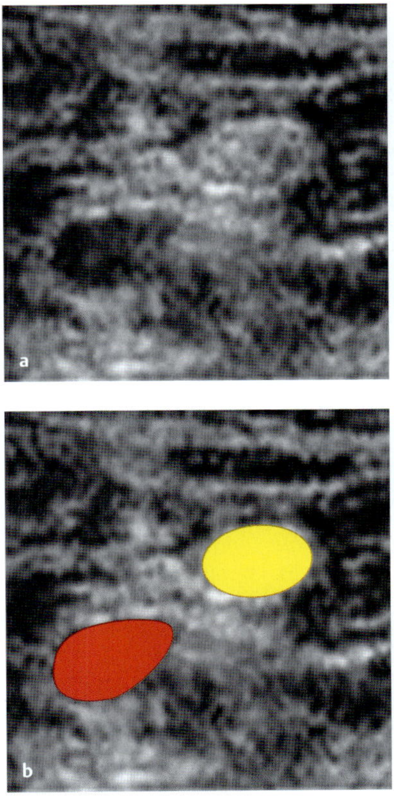

Abb. 3.**36** **a** u. **b** N.ischiadicus in der Fossa poplitea quer dargestellt.

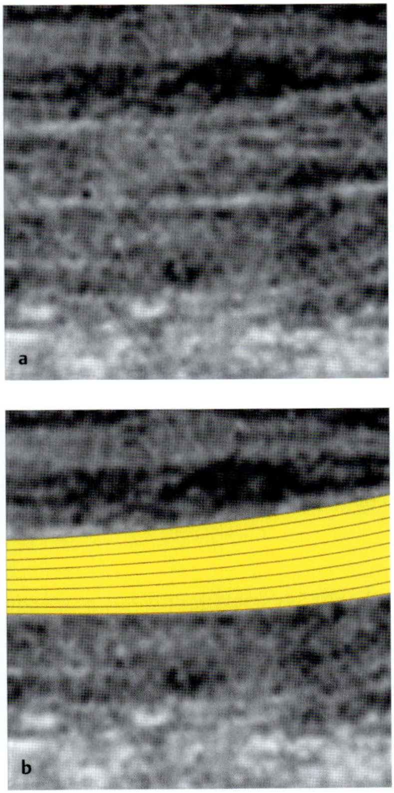

Abb. 3.**37** **a** u. **b** N.ischiadicus in der Fossa poplitea längs dargestellt.

- **Infraglutäale Darstellung:** Wenngleich relativ selten, so wird doch gelegentlich über infraglutäale sonografische Darstellungen des N. ischiadicus berichtet. Da auch hier die Eindringtiefe den limitierenden Faktor darstellt, stammen diese Berichte hauptsächlich aus der Kinderanästhesie.
- **Popliteale Darstellung:** Am einfachsten lässt sich der N. ischiadicus im Bereich der Fossa poplitea darstellen (Abb. 3.**38** u. 3.**39**). Dies hat mehrere Gründe: Zum einen verläuft der N. ischiadicus an dieser Stelle sehr oberflächlich, was die Identifikation erheblich erleichtert. Zum anderen ist der Nerv auch in dieser Höhe noch sehr dick. Hinzu kommt, dass sich der N. ischiadicus in der Fossa poplitea aufzuspalten beginnt, so dass im Sonogramm in der Regel tibiale und peroneale Anteile erkennbar sind (Abb. 3.**40 a, b**). Diese Aufteilung kann sehr weit peripher verfolgt werden, was in der Regel keinen hohen Zeitaufwand erfordert. Daher ist die Fossa poplitea in vielen Kliniken, in denen Ultraschall in der Anästhesie und Intensivmedizin regelmäßig eingesetzt wird, ein gern gewähltes „Übungsareal" zur sonografischen Identifikation von Nerven. Es empfiehlt sich, ebenso den Femur, die A. und die V. poplitea aufzusuchen, die meist leicht zu sichten sind.

In vielen Fällen imponieren im Sonogramm die Sehnen des M. biceps femoris, des M. semimembranosus und des M. semitendinosus sowohl bezüglich der Echotextur als auch der Größe gegenüber dem N. tibialis oder N. peronaeus (Abb. 3.**40 b**). Anfängliche Fehlinterpretationen können dadurch vermieden werden, indem konsequent bei jeder sonografischen Untersuchung der Fossa poplitea nach der Aufzweigung des N. ischiadicus in die beiden genannten Nerven gesucht wird.

Für die ultraschallgesteuerte Blockade des N. ischiadicus in der Fossa poplitea gilt daher: **Keine Punktion ohne eindeutige sonografische Darstellung der Aufteilung des N. ischiadicus!!!** Auch wenn die Nervenstrukturen relativ leicht zu detektieren sind, ist immer die Umgebungsinspektion in der Fossa poplitea durchzuführen.

Je nach Situation kann die sonografische Inspektion des N. ischiadicus sowohl in Bauch-, in Seit- als auch in Rückenlage erfolgen. Alle Lagetypen haben sich bewährt, deshalb ist je nach Klinik eine entsprechende Absprache bezüglich der Lagerung empfehlenswert. Gelegentlich kann bei gestrecktem Bein das Gewebe in der Poplitealgegend so unter Spannung stehen, dass die Bildqualität dadurch beeinträchtigt wird. Erfahrungsgemäß lassen sich im entspannten Gewebe – in diesem Fall bei angewinkeltem Bein – die Nerven sonografisch besser darstellen. Aus diesem Grunde wird diese Lagerung für den poplitealen Zugang präferiert (Abb. 3.**41 a, b**).

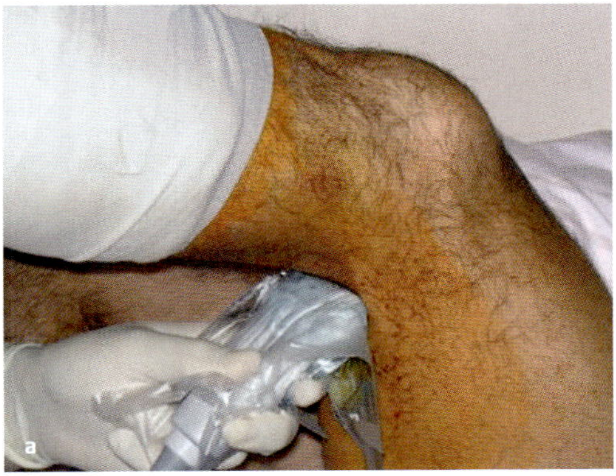

Abb. 3.**38a** u. **b** Sonografische Darstellung der beiden Äste des N. ischiadicus in der Fossa poplitea:
a Position des Schallkopfes.

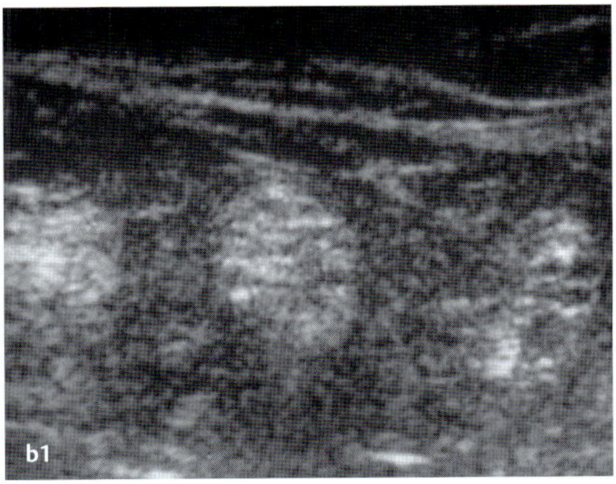

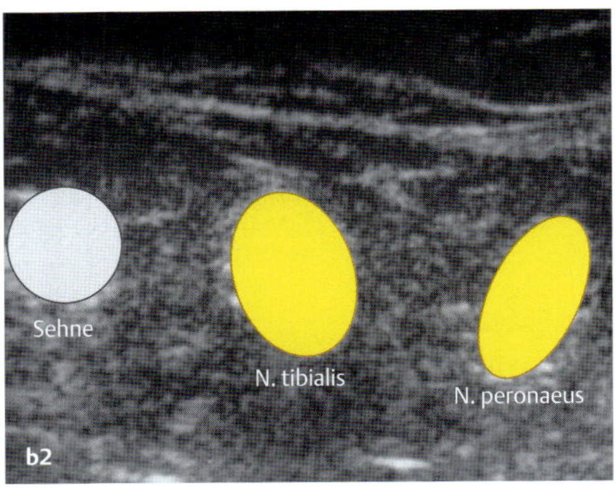

b Sonografische Darstellung der Nerven im Bereich der Fossa poplitea nach Aufzweigung des N. ischiadicus in N. tibialis und N. peronaeus. Beachte die ähnliche sonografische Struktur (und somit Verwechslungsgefahr) von Sehnen und Nerven.

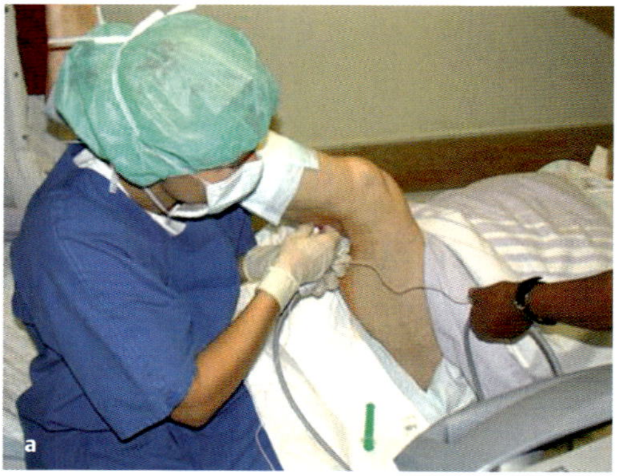

Abb. 3.**39 a–e** Ultraschallgesteuerte Blockade des N. ischiadicus im Bereich der Fossa poplitea:

a Lagerung und Position der unteren Extremität.

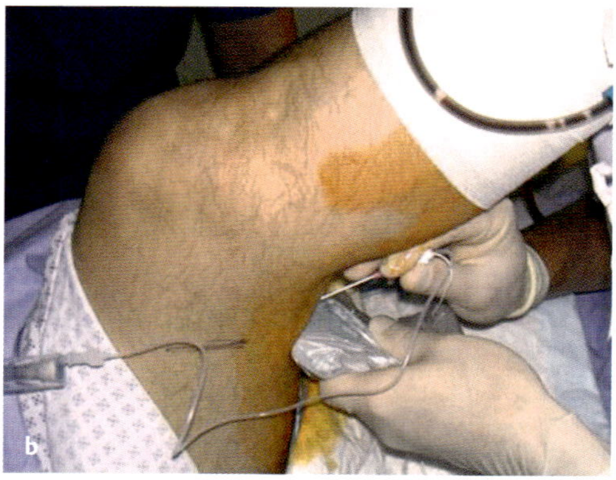

b Beziehung zwischen Schallkopf und Punktionskanüle.

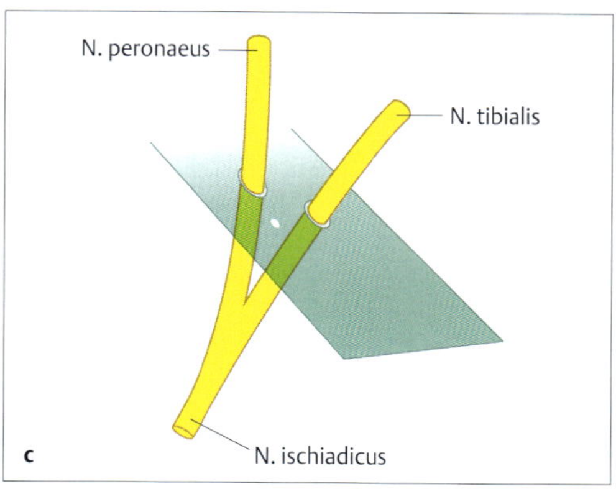

c Schematische Darstellung der Beziehung zwischen Nerven, Schallebene und Punktionskanüle. Bei dieser Blockadetechnik wird die Kanüle zwischen den beiden Abzweigungen des N. ischiadicus (N. tibialis und N. peronaeus) platziert.

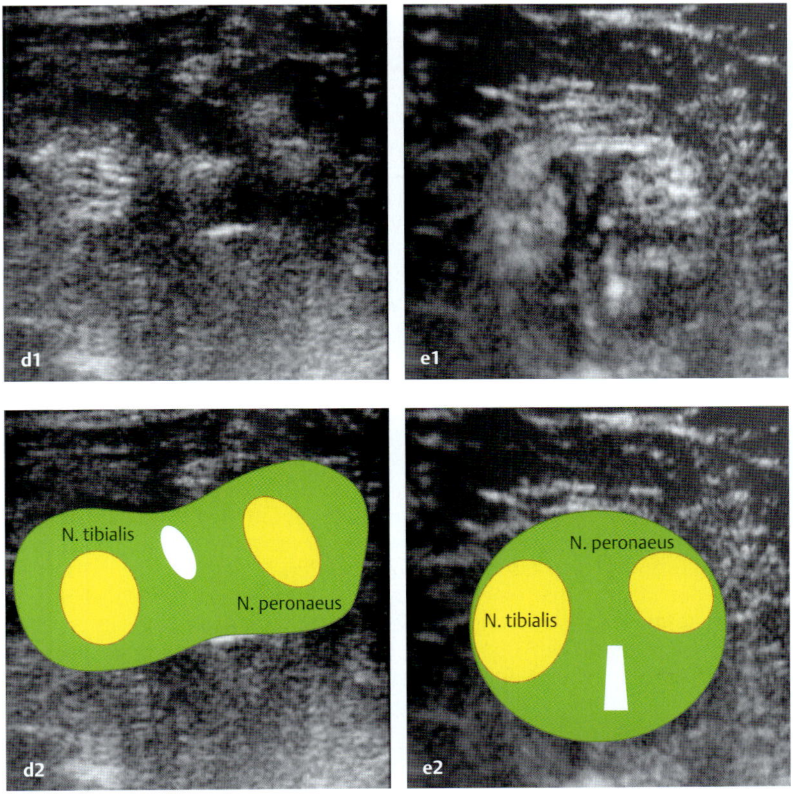

Abb. 3.**39 d, e**

d Sonografische Darstellung der Nerven im Bereich der Fossa poplitea während der Injektion. Zwischen den Nerven ist der Schallschatten der Punktionskanüle erkennbar. Das Lokalanästhetikum umhüllt beide Nerven.

e Sonografische Darstellung der Nerven im Bereich der Fossa poplitea nach der Injektion. Das Lokalanästhetikum wird von der epineuralen Hülle fixiert, welche die beiden Nerven umhüllt und über die Bifurkation des N. ischiadicus hinausgeht. Typisch ist die scharfkantige Begrenzung des Lokalanästhetikum-Depots.

Punktion

Meist wird die Punktionskanüle zur Schallebene hin geführt, so dass sie als hypoechogenes Areal zu erkennen ist und sich die Nadelspitze anhand von Gewebekompressionseffekten lokalisieren lässt.

Im Bereich der Fossa poplitea kann die Kanüle – bei deutlicher Distanz zwischen N. tibialis und N. peronaeus – zwischen den Nerven geführt werden, was die Sicherheit der ultraschallgesteuerten Prozesse erheblich erhöht, da auf jeden Fall eine Irritation von Nerven vermieden werden kann.

In einigen Berichten wird die Nadelführung in der Fossa poplitea in der Schallebene beschrieben. Auf diese Weise wird die Kanüle in ihrer gesamten Länge dargestellt. Ihre Spitze wird dabei ventral bzw. dorsal des N. ischiadicus bzw. N. tibialis/N. peronaeus positioniert.

Applikation von Lokalanästhetika

Ab einer Distanz von ca. 5 mm zum Nervengewebe kann versucht werden, das Lokalanästhetikum zu injizieren. Wie bei allen ultraschallgesteuerten Nervenblockaden sollte es sich anschließend um den Nerv ausbreiten. Dabei wird sehr häufig nicht der gesamte Nerv umspült, sondern das Lokalanästhetikum legt sich nur sichelförmig an den N. ischiadicus an. Dies ist aber in der Regel durch einen ungünstigen Blickwinkel bedingt, bei dem sich die gesamte Umströmung des Nervs nicht darstellen lässt. Es ist nach wie vor Gegenstand der Diskussion, ob immer eine ringförmige Ausbreitung des Lokalanästhetikums um den Nerv („doughnut sign") zu fordern ist.

Literatur

1. Chan VW, Nova H, Abbas S, CL McCartney, A Perlas, DQ Xu. Ultrasound examination and localization of the sciatic nerve. Anesthesiology 2006, 104:309-314
2. Compere V, Cornet C, Fourdrinier V, Maitre AM, Mazirt N, Biga N, Dureuil B. Thigh abscess as a complication of continuous popliteal sciatic nerve block. Br J Anaesth 2005;95:255-266.
3. Gray A, Collins AB, Schafhalter-Zoppoth I. Sciatic nerve block in a child: a sonographic approach. Anesth Analg 2003;97:1300-1302.
4. Gray A, Huzcko EL, Schafhalter-Zoppoth I. Lateral popliteal nerve block with ultrasound guidance. Reg Anesth Pain Med 2004;29:507-509.
5. McCartney CJ, Brauner I, Chan VW. Ultrasound guidance for a lateral approach to the sciatic nerve in the popliteal fossa. Anaesthesia 2004;59:1023-1025.
6. Minville V, Zetlaoui PJ, Fessenmeyer C, Benhamou D. Ultrasound guidance for difficult lateral approach catheter insertion in a patient with peripheral vascular disease. Reg Anesth Pain Med 2004;29:368-370.
7. Psathakis D, Psathakis N. Popliteal compression syndrome: an overproportional incidence. VASA 1991;20:256-260.

8. Schafhalter-Zoppoth I, SJ Younger, AB Collins, Gray A. The "seesaw" sign: improved sonographic identification of the sciatic nerve. Anesthesiology 2004; 101:808-809.
9. Schwemmer U, Markus CK, Greim CA, Brederlau J, Trautner H, Roewer N. Sonographic imaging of the sciatic nerve and its division in the popliteal fossa in children. Ped Anesth 2004;14:1005-1008.
10. Sinha A, Chan VW. Ultrasound imaging for popliteal sciatic nerve block. Reg Anesth Pain Med 2004;29:130-134.
11. Sites BD, Gallagher JD, Tomek I, Y Cheung, Beach ML. The use of magnetic resonance imaging to evaluate the accuracy of a handheld ultrasound machine in localizing the sciatic nerve in the popliteal fossa. Reg Anesth Pain Med 2004; 29:413-416.

3.12 Nervus tibialis

Der N. tibialis, der aufgrund seiner Größe am leichtesten sonografisch zu identifizieren ist, wird selten als solitäre Zielgröße für eine Nervenblockade genutzt. Im Normalfall wird in Kombination mit dem N. peronaeus eine komplette Ischiadicus-Blockade durchgeführt. Um die Sicherheit zu erhöhen und eine möglichst komplette Blockade in den Fällen zu erzielen, bei denen die Beschwerden ausschließlich im Versorgungsgebiet des N. tibialis liegen bzw. in diesem Gebiet operiert werden soll, ist man allerdings darauf bedacht, nur den N. tibialis zu blockieren. Eine „Mitblockade" des N. peronaeus hat dabei jedoch keinen „kontraproduktiven" Charakter!

Identifikation

Der N. tibialis verläuft relativ geradlinig in der Längsachse der Kniekehlenraute und überkreuzt die Vasa poplitea, mit denen er durch lockeres Bindegewebe verbunden ist. Dadurch ist schon bei geringem Druck mit dem Schallkopf eine relativ leichte Verschieblichkeit des N. tibialis gegeben. Diese ist bei gebeugtem Knie stärker ausgeprägt. Bei gestrecktem Knie (Patient in Seit- oder Bauchlage) lässt sich zwar leichter eine Fixation des Nervs erzielen, die Qualität der sonografischen Darstellung ist aber etwas ungünstiger. Eventuell sind die Reflexeigenschaften bei Dehnung des N. tibialis für die Bildgebung von Nachteil.

Nach dem Eintauchen des N. tibialis in die tiefe Flexorenkammer des Unterschenkels ist die sonografische Identifikation erheblich durch die Nähe dicker Muskelbäuche sowie von Tibia und Fibula beeinträchtigt. Allerdings wird die Indikation zur sonografischen Darstellung des N. tibialis im Bereich des Unterschenkels auch nur selten gestellt.

Punktion

Die Punktion erfolgt analog zur Blockade des N. ischiadicus.

Applikation von Lokalanästhetika

Theoretisch kann die Menge des Lokalanästhetikums bei alleiniger Blockade des N. tibialis reduziert werden; für die Umspülung des Nervs reichen bereits 5 bis 10 ml aus. Will man aus Sicherheitsgründen aber eine größere Distanz von der Kanülenspitze bis zum Nervengewebe einhalten, sind größere Volumina (bis zu 20 ml) für eine adäquate Infiltration erforderlich.

3.13 Nervus peronaeus

Der N. peronaeus ist im Bereich der Fossa poplitea sonografisch gut darstellbar und kann über eine gewisse Strecke nach distal hin verfolgt werden. Im Gegensatz zur Blockade des N. tibialis ist die singuläre Blockade des N. peronaeus gelegentlich erforderlich.

Identifikation

Nach Trennung vom N. tibialis zieht der N. peronaeus an die laterale Ansatzsehne des M. biceps femoris, über das Caput laterale zum M. gastrocnemius hinweg nach distal und dann unmittelbar unterhalb des Caput fibulae zur Peronaeusloge hin. Von der Fossa poplitea bis zum Caput fibulae kann der N. peronaeus im Querschnitt sonografisch gesichtet werden. Aufgrund seiner Windungen ist die Ultraschall-Darstellung etwas anspruchsvoller als die des N. tibialis. Dies erklärt auch die Tatsache, dass beide Nerven in der Fossa poplitea sonografisch mit unterschiedlicher Bildqualität dargestellt werden, zumal sie in dieser Region nicht streng parallel verlaufen, sondern leicht zueinander gekippt sind. Es hat sich bewährt, den Schallkopf so zu kippen und zu rotieren, dass eine orthograder Querschnitt erzielt wird. Die Echotextur des N. peronaeus ähnelt der des N. tibialis, was wiederum eine Verwechslung mit Sehnen möglich macht. Ähnlich wie bei der Darstellung des N. tibialis ist deshalb auch hier die typische Aufzweigung des N. ischiadicus bei der Ultraschallinspektion aufzusuchen.

Der Durchmesser des N. peronaeus ist in der Regel kleiner als der des N. tibialis. Bei gleichzeitiger Darstellung von N. tibialis und N. peronaeus in der Fossa poplitea ist der N. peronaeus im Querschnitt oft leicht oval, wenn der N. tibialis streng rund abgebildet wird. Der Schallkopf sollte leicht rotiert werden, um die ovale Form aufzuheben, anschließend kann der N. peronaeus nach distal verfolgt werden. In der Nähe des Caput fibulae ist durch die Reflexion der Ultraschallwellen am Periost eine Überstrahlung des Bildes unvermeidlich. An der Fibula lann in Einzelfällen noch die Beziehung zwischen N. peronaeus und Periost abgebildet werden.

Punktion

Die Punktion in der Fossa poplitea erfolgt analog zum N. tibialis. Am Periost der Fibula kann die Punktionskanüle ultraschallgesteuert streng distal des N. peronaeus herangeführt werden, ohne jeglichen Kontakt zum Nervengewebe; dabei reicht ein Abstand von 5 bis 7 cm distal des Nervs aus.

Applikation von Lokalanästhetika

In der Fossa poplitea breiten sich Lokalanästhetika wie beim N. ischiadicus bzw. N. tibialis aus. Am Caput fibulae ist es meist nicht nötig, die Ausbreitung des Lokalanästhetikums mit Hilfe des Ultraschalls zu kontrollieren, zumal die Beschallung am Periost nach der Injektion keine suffiziente Bildqualität für eine korrekte Interpretation liefert.

4 Sonografie in der Intensivmedizin

In der Intensivmedizin wurden aufgrund der enormen technischen Entwicklung in den vergangenen Jahren große Fortschritte erzielt. Die Sonografie hat als begleitende Maßnahme dazu einen wichtigen Beitrag geleistet, einerseits im Bereich der Diagnostik, andererseits aber auch als wesentlicher Bestandteil des Monitoring. Ein weiteres Einsatzgebiet des Ultraschalls auf dem Gebiet der Intensivmedizin ist die Echokardiografie, die aufgrund ihrer Komplexität im Rahmen dieses Buches nicht abgehandelt werden kann.

In der Regel wird auf den meisten anästhesiologisch geführten Intensivstationen die sonografische Untersuchung von Nicht-Anästhesisten durchgeführt. Angesichts der Erfahrung und der standardisierten Ausbildung, die Voraussetzung für die adäquate sonografische Befunderhebung sind, ist gegen dieses Prinzip nichts einzuwenden. Es gibt jedoch immer wieder Situationen und Fragestellungen, bei denen die entsprechende Untersuchung auch vom Anästhesisten vorgenommen werden kann. Zu den dafür sprechenden Argumente gehören insbesondere die Zeitersparnis sowie die Unabhängigkeit von möglichen personellen Engpässen. Aus diesem Grund wird in diesem Kapitel die Anwendung des Ultraschalls in der Intensivmedizin durch den Anästhesisten erläutert. Die Übergänge zur Notfallmedizin bzw. zur Primärversorgung im Schockraum sind bei der Indikationsstellung fließend, so dass die folgenden Ausführungen auch für diese Bereiche gelten.

4.1 Ultraschalluntersuchung des Abdomens

Das Abdomen ist aufgrund der Vielzahl der anatomischen Strukturen, deren komplizierten Aufbaus und unterschiedlicher anatomischer Beziehungen zueinander ein äußerst komplexer und demzufolge ein anspruchsvoller Bereich, was die sonografische Untersuchung anbelangt. Die anästhesiologisch/intensivmedizinisch ausgerichtete Sonografie fokussiert sich jedoch meist nur auf bestimmte, immer wieder kehrende Fragestellungen, die einen Großteil der detaillierten Abdomenuntersuchungen verzichtbar machen und stattdessen rasche – und leicht erlernbare – Untersuchungsabläufe erfordern. Aufgrund seiner Erkrankung ist der Intensivpatient meist erheblich beeinträchtigt, so dass eine Kooperation während der Untersuchung nicht möglich ist. Daher können bestimmte Atemkommandos nicht gegeben und Lagerungswechsel nicht durchgeführt werden. Aus diesem Grund sind die sonografischen Untersuchungsmöglichkeiten beim schwer erkrankten bzw. instabilen Patienten noch weiter eingeschränkt. Die im Folgenden beschriebenen Befunderhebungen beschränken sich deshalb auf Situationen mit anästhesiologisch/intensivmedizinisch-spezifischen Fragestellungen.

Die Einsatzgebiete der Sonografie zur Abdomenuntersuchung sind sehr verschieden und werden in der Fachliteratur unterschiedlich propagiert bzw. bewertet. Aus dem präklinischen Bereich werden zunehmend Arbeiten publiziert, die den Einsatz des Ultraschalls z. B. beim stumpfen Bauchtrauma beschreiben. Auch wird häufig über die Verwendung des Ultraschalls zur Abdomenuntersuchung im Schockraum während der Akutphase berichtet. Grundvoraussetzung dabei sollte sein, dass durch die Anwendung des Ultraschalls während der Akutphase keine Zeitverzögerungen entstehen, was wiederum einen standardisierten und auf das Nötigste beschränkten Untersuchungsablauf erfordert.

Der instabile Patient mit einer unklaren akuten abdominellen Grunderkrankung bzw. fraglichen Mitbeteiligung ist meist durch relevante Volumendefizite unterschiedlichster Genese gefährdet. Deshalb sollte die sonografische Inspektion des Abdomens zunächst die folgenden Fragen beantworten:

- **Liegt freie Flüssigkeit vor?** Freie Flüssigkeit in relevanten Mengen imponiert als hypoechogenes Areal ohne jegliche Echotextur (Abb. 4.**1**). Differentialdiagnostisch müssen diese Areale von angeschnittenen großen Gefäßen unterschieden werden.
- **Wo liegt freie Flüssigkeit?** Freie Flüssigkeit im Abdomen sammelt sich beim liegenden Patienten in tief gelegenen Regionen, also im Recessus hepatorenalis, Douglas-Raum oder Recessus lienorenalis. Des Weiteren können Flüssigkeitsansammlungen um verschiedene Organe positioniert sein.
- **Ist eine Änderung der Flüssigkeitsausdehnung zu beobachten?** Insbesondere im Verlauf der akuten Phase sind Informationen wichtig bezüglich der Dynamik der Flüssigkeitsansammlungen. Daher sollten schon frühzeitig Verlaufskontrollen durchgeführt werden.
- **Liegen größere Veränderungen der Organe vor?** Veränderungen von Organen variieren quantitativ und qualitativ erheblich. Das gesamte Spektrum der Abdomensonografie kann nicht vom Anästhesisten/Intensivmediziner erfasst werden. Auch hier erscheint eine Reduktion der Befunderhebung auf ein nötiges Minimum sinnvoll, z. B. größere Konturunterbrechungen, erhebliche Größenzunahme etc.

Die Beantwortung dieser Fragen erfordert die sichere sonografische Begutachtung der verschiedenen Organe.

Leber

Das Leberparenchym weist meist ein mäßig dichtes Echomuster auf, das von unterschiedlich weiten Lebergefäßen durchsetzt wird. Die systematische Begutachtung der Leber beinhaltet Längsschnitte, Quer-/Schrägschnitte und interkostale Schnitte, wobei nur die letzteren für die oben genannten Fragestellungen in Betracht kommen (Abb. 4.**2**, 4.**3**).

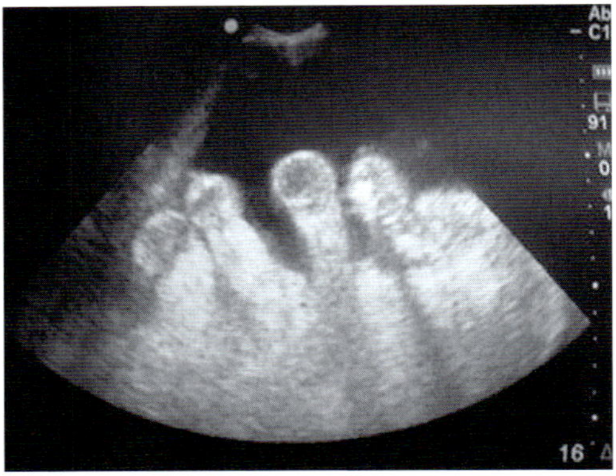

Abb. 4.**1** Aszites: Die sonografisch gut zu erkennenden Darmschlingen sind von hypoechogener Flüssigkeit umgeben.

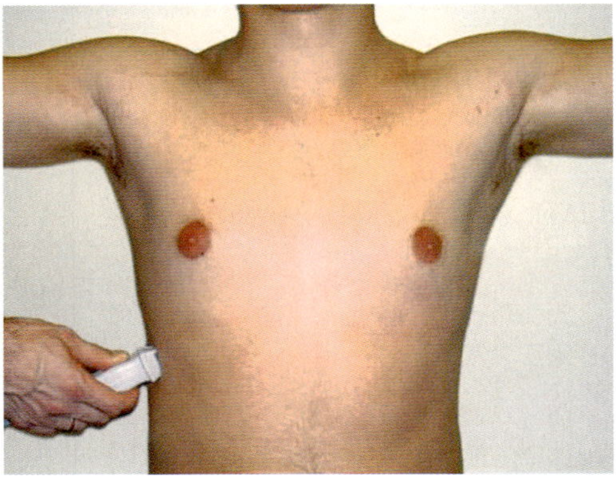

Abb. 4.**2** 2 Schallkopfposition zur Inspektion von Leber – rechter Niere – Diaphragma rechts.

Pathologische Befunde: Bei der Untersuchung der Leber können folgende Veränderungen gefunden werden: Leberverfettung, perihepatische Blutung, Aszitesansammlung (Abb. 4.**4** u. 4.**5**) und Leberrupturen.

Recessus hepatorenalis

Der Recessus hepatorenalis **(Morrison´s pouch)** gilt als der tiefste Punkt im rechten Oberbauch in liegender Position. Flüssigkeitsansammlungen, sei es bei intrabdominellen Blutungen oder bei Aszites, werden hier sehr früh sonografisch entdeckt (Abb.4.**6** u. 4.**7**).

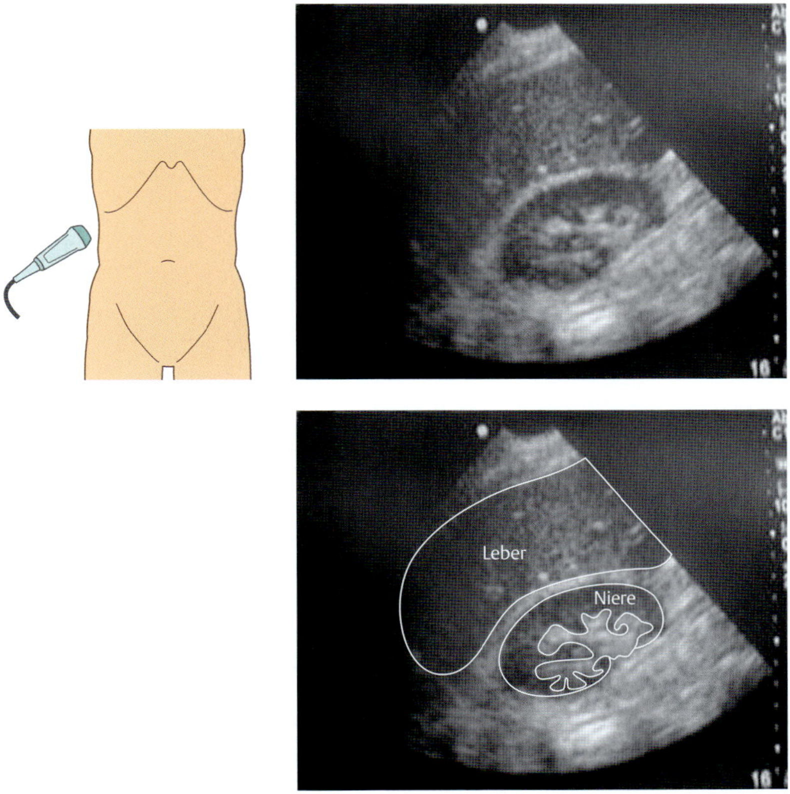

Abb. 4.**3** Leber in Beziehung zur rechten Niere (Normalbefund)

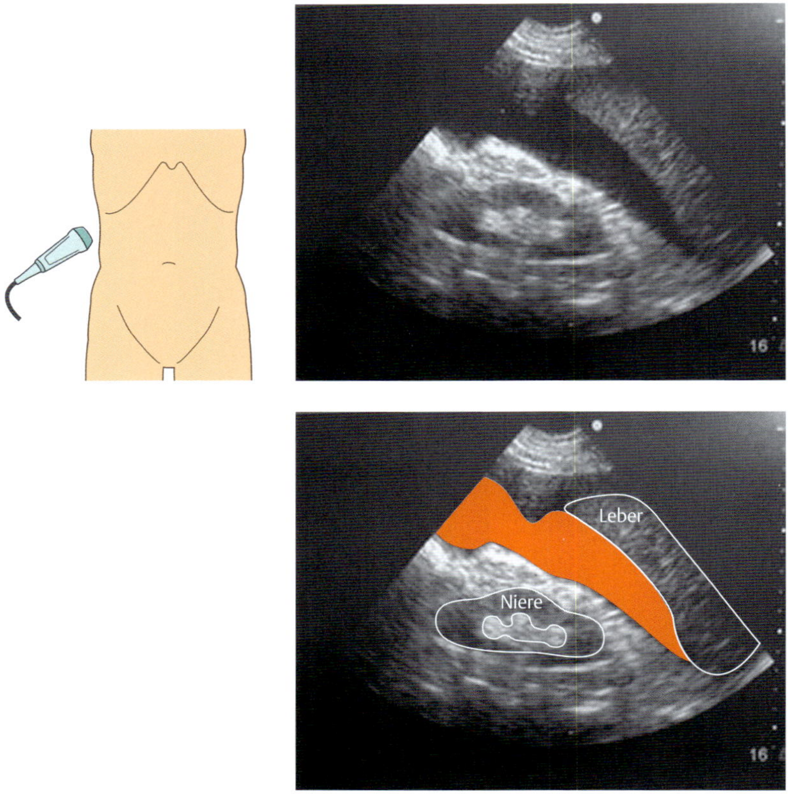

Abb. 4.**4** Viel freie Flüssigkeit zwischen Leber und rechter Niere bei Polytrauma.

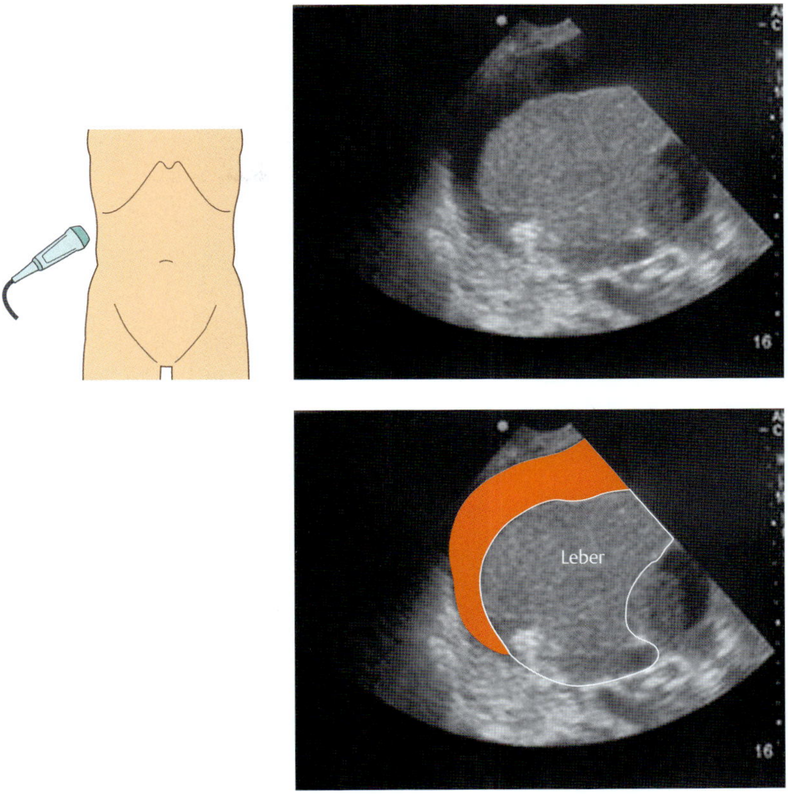

Abb. 4.**5** Perihepatisch/subphrenisch freie Flüssigkeit bei einem Patienten mit Aszites bei Lebererkrankung.

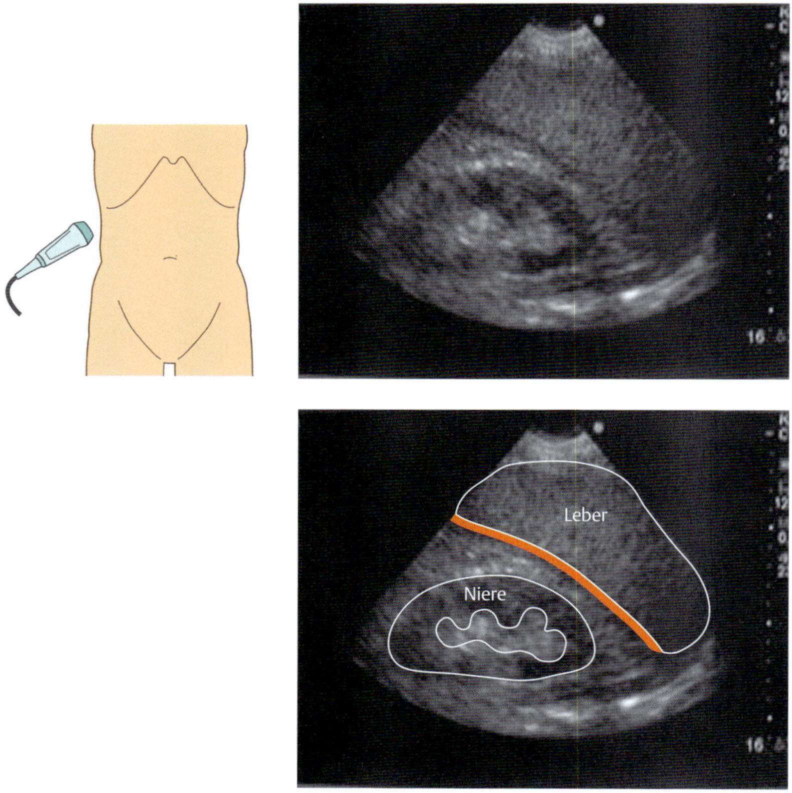

Abb. 4.**6** Schmaler Saum freier Flüssigkeit zwischen Leber und rechter Niere (Morrison´s pouch).

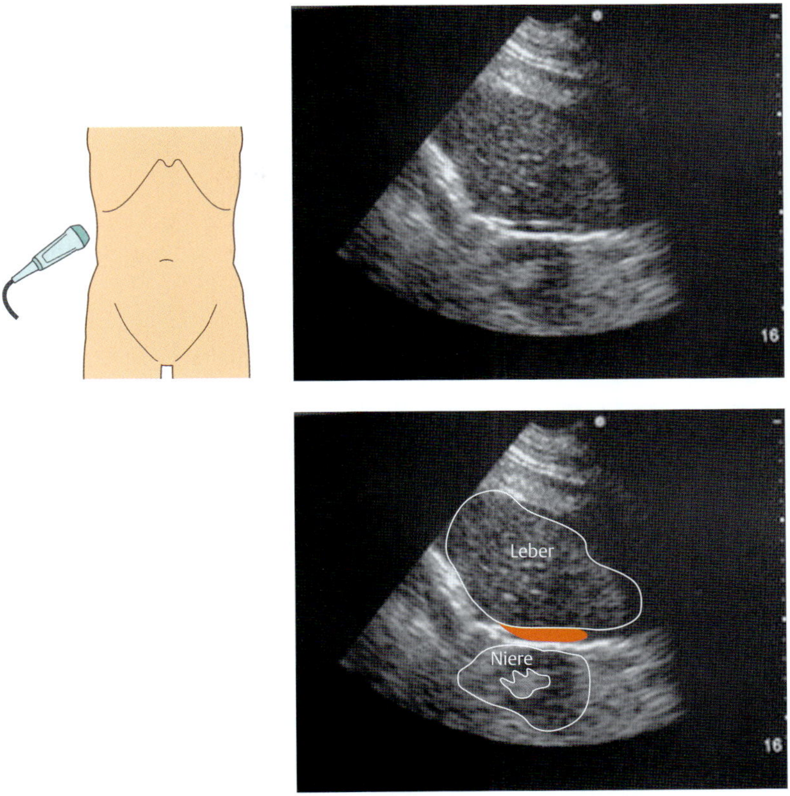

Abb. 4.**7** Schmaler Saum freier Flüssigkeit zwischen Leber und rechter Niere (Morrison´s pouch) bei suboptimaler Darstellung der Niere.

Niere

Die Sonografie der Nieren ist erschwert durch deren schräge Lage in Bezug zur Wirbelsäule und die teilweise Überlagerung durch die Rippen. Das Nierenparenchym weist – analog zur Leber – ebenfalls ein dichtes Echomuster auf, wobei regelhaft die Nierenbecken und Pyramiden zu erkennen sind (vgl. Abb. 4.**3**).

- **Rechte Niere:** Bei der interkostalen Durchsicht der Leber kann etwas kaudaler die rechte Niere angeschnitten werden, so dass die Leber nahezu immer in Erscheinung tritt. Die Überlagerung durch die 11. und 12. Rippe führt zu Schallschatten, die sich negativ auf die Nierendarstellung auswirken können.
- **Linke Niere:** Die linke Niere wird bei der Ultraschalluntersuchung (Abb. 4.**8**) ebenfalls durch die 11. und 12. Rippe überlagert, zudem können Darmluft und Magen den sonografischen Blick beeinträchtigen. Die Milz stellt sich schallkopfnah dar.

Pathologische Befunde: Nierenzysten, subkapsuläre Hämatome und erweiterte Nierenbecken sind häufige Befunde in der Primärdiagnostik, die mit den jeweiligen Fachdisziplinen zur weiteren Diagnostik und Behandlung diskutiert werden müssen.

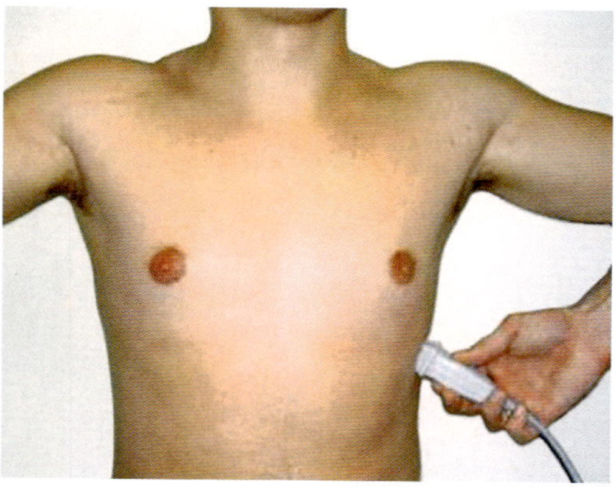

Abb. 4.**8** Schallkopfposition zur Inspektion von Milz – linker Niere – Diaphragma links.

Milz

Die Milz ist ein Beispiel dafür, wie Nachbarorgane die sonografische Untersuchung stark beeinflussen können (Abb. 4.**9**). Bedingt durch Rippen, Lunge, Magen und Kolonflexur kommt es zu Überlagerungen, so dass nach einer günstigen Schalllücke gesucht werden muss. Im Flankenlängsschnitt kann in einem Interkostalraum die Milz gesichtet werden (Abb. 4.**10 a, b**).

Pathologische Befunde: Bei der sonografischen Untersuchung der Milz können Hämatome, Pleuraergüsse, intraabdominelle Blutungen, Aszites und Milzrupturen erkannt werden (Abb. 4.**11**).

Recessus lienorenalis

Im Recessus lienorenalis **(Koller pouch)** kann sich – analog zum Recessus hepatorenalis – ebenfalls leicht freie intraabdominelle Flüssigkeit ansammeln. Die entsprechende Darstellung erfolgt über Flankenlängsschnitte (Abb. 4.**12**). Die Mituntersuchung der linken Niere aus der beschriebenen Perspektive ist dadurch leicht durchführbar.

Harnblase

Die Harnblase ist aufgrund der Flüssigkeitsansammlung sonografisch leicht zu erkennen. Sie sollte in zwei Ebenen inspiziert werden. Der Schallkopf wird dabei knapp oberhalb der Symphyse angesetzt.

Pathologische Befunde: Bei der sonografischen Untersuchung der Harnblase können para- und retrovesikale Ansammlungen freier Flüssigkeit erkannt werden. Gelegentlich wird auch die „volle" Harnblase als Nebenbefund via Ultraschall entdeckt.

Douglasraum/Excavatio rectouterina

Analog zu den oben genannten Recessi kann sich auch im Douglasraum freie intrabdominelle Flüssigkeit ansammeln, die nach sonografischer Identifizierung der Harnblase leicht erkannt wird (Abb. 4.**13**).

Aorta

Die Aorta wird im Oberbauchquerschnitt sonografisch aufgesucht (Abb. 4.**14**). Störend hierbei sind die umgebenden Strukturen, wie Leber, Dünn- und Dickdarm. Nach Querdarstellung der Aorta, wird diese in Längsrichtung abgebildet.

Pathologische Befunde: Hauptdomäne für die sonografische Untersuchung der Aorta ist die Suche nach einem bzw. der Ausschluss eines Aortenaneurysmas (Abb. 4.**15 a, b**).

Diaphragma

Die Untersuchung des Zwerchfells dient hauptsächlich der Beurteilung der Verschieblichkeit zum Ausschluss von Phrenikus-Paresen im Rahmen von Blockaden des interskalenären Plexus brachialis bzw. des Plexus cervicalis. Als Nebenbefund wird das Zwerchfell bei Pleuraergüssen bzw. bei intraabdominellen Blutungen dargestellt.

Literatur

1. American College of Emergency Physicians. ACEP emergency ultrasound guidelines 2001. Am Emerg Med 2001;38:470-481.
2. American College of Emergency Physicians. Use of ultrasond imaging by emergency physicians. Am Emerg Med 2001;38:469-470.
3. Barnhart K, Mennuti MT, Benjamin I, Jacobson S, Goodman D, Coutifaris C. Prompt diagnosis of ectopic pregnancy in an emergency department setting. Obstet Gynecol 1994;84:1010-1015.
4. Brenchley J, Sloan JP, Thompson PK. Echoes of thing to come. Ultrasound in UK emergency medicine practice. J Accid Emerg Med 2000;17:170-175.
5. Chan SS. Emergency bedside ultrasound to detect pneumothorax. Acad Emerg Med 2003;10:91-94.
6. Constantino TG, Satz WA, Stahmer SA, Dean AJ. Predictors of success in emergency medicine ultrasound education. Am Emerg Med 2003;10:180-183.
7. Heller MB, Mandavia D, Tayal VS, Cardenas EE, Lambert MJ, Mateer J, Melanson SW, Peimann NP, Plummer DW, Stahmer SA. Residency training in emergency ultrasound: fullfilling the mandate. Acad Emerg Med 2002;9:835-839.
8. Ma OJ, Mateer JR, Ogata M, Kefer MP, Wittmann D, Aprahamian C. Prospective analysis of a rapid trauma ultrasound examination performed by emergency physicians. J Trauma 1995;38:879-885.
9. Miller J. Small ruptured abdominal aneurysm diagnosed by emergency physician ultrasound. Am J Emerg Med 1999;17:174-175.
10. See CC, Glassman M, Berezin S, Inamdar S, Newman LJ. Emergency ultrasound in the evaluation of acute-onset abdominal pain in children. Pediatr Emerg Care 1988;4:169-171.
11. Witting MD, Euerle BD, Butler KH. A comparison of emergency medicine ultrasound training with guideliness of the Society for Academic Emergency Medicine. Ann Emerg Med 1999;34:604-609.
12. Yen K, Gorelick MH. Ultrasound applications fort he pediatric emergency department: a review of the current literature. Pediatr Emerg Care 2002;18:226-234.

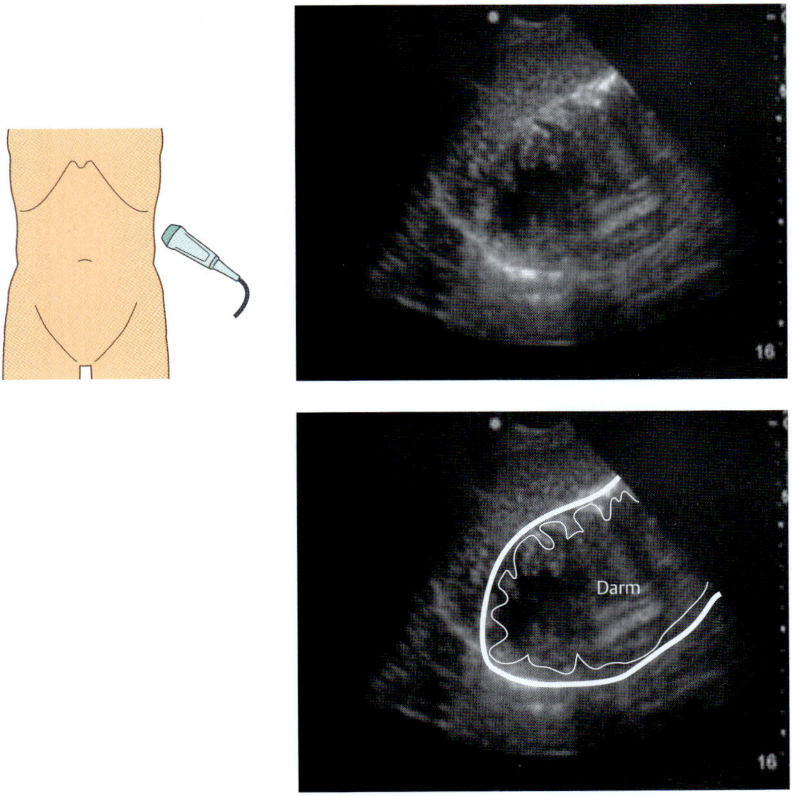

Abb. 4.**9** Die enge Beziehung zwischen Milz und Magen-Darm-Trakt ist häufig Ursache von Fehlinterpretationen.

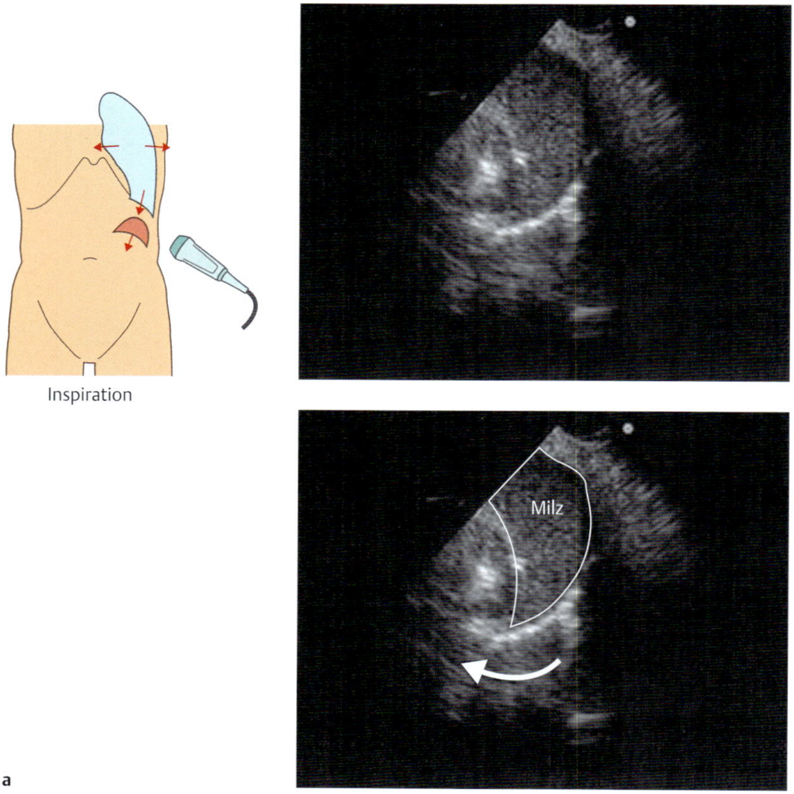

a

Abb. 4.**10 a** u. **b** Überprüfung der Zwerchfellverschieblichkeit während der Atemexkursion: Die Milz bewegt sich atemsynchron
a Inspiration.

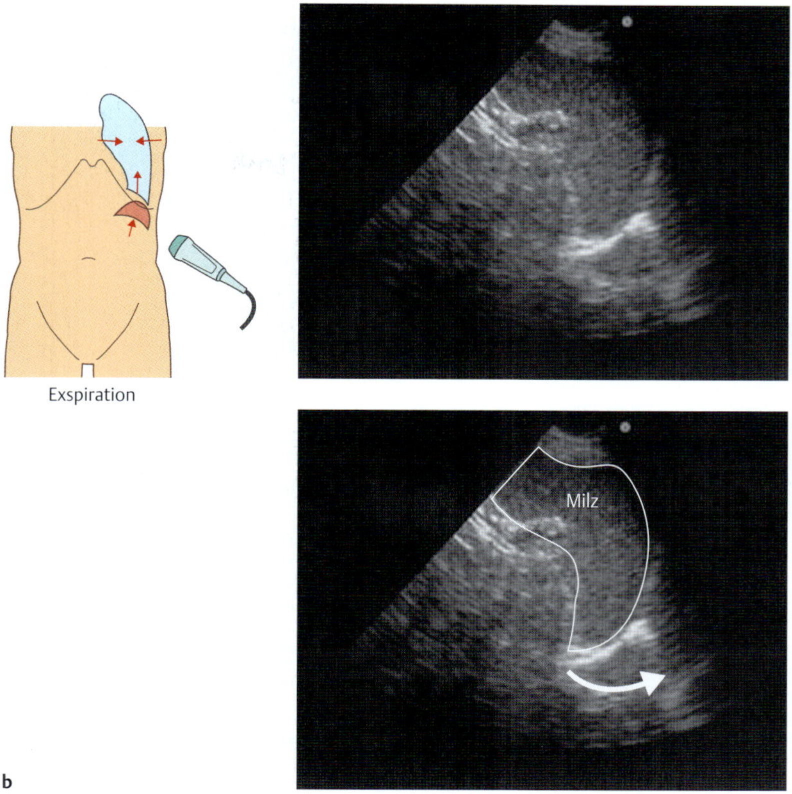

b

b Exspiration.

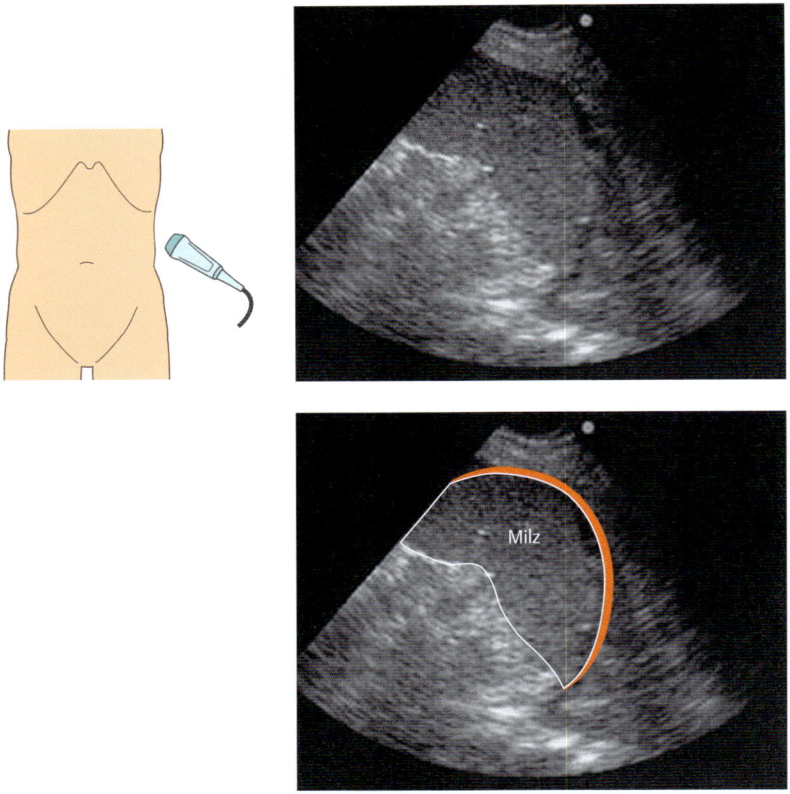

Abb. 4.**11** Perisplenisch schmaler Saum freier Flüssigkeit nach stumpfem Bauchtrauma.

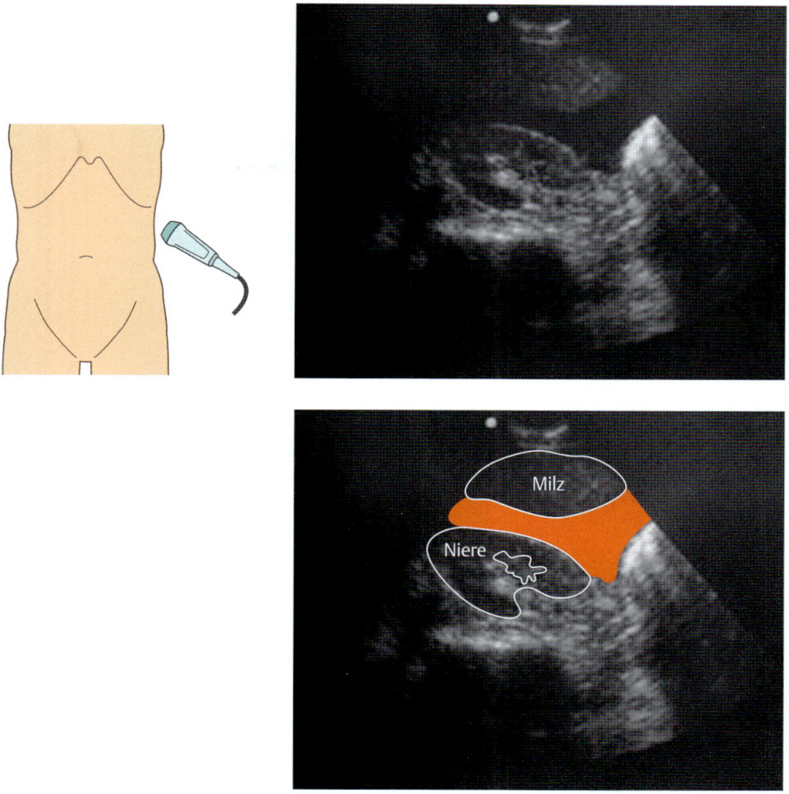

Abb. 4.**12** Viel freie Flüssigkeit zwischen Milz und linker Niere (Koller pouch).

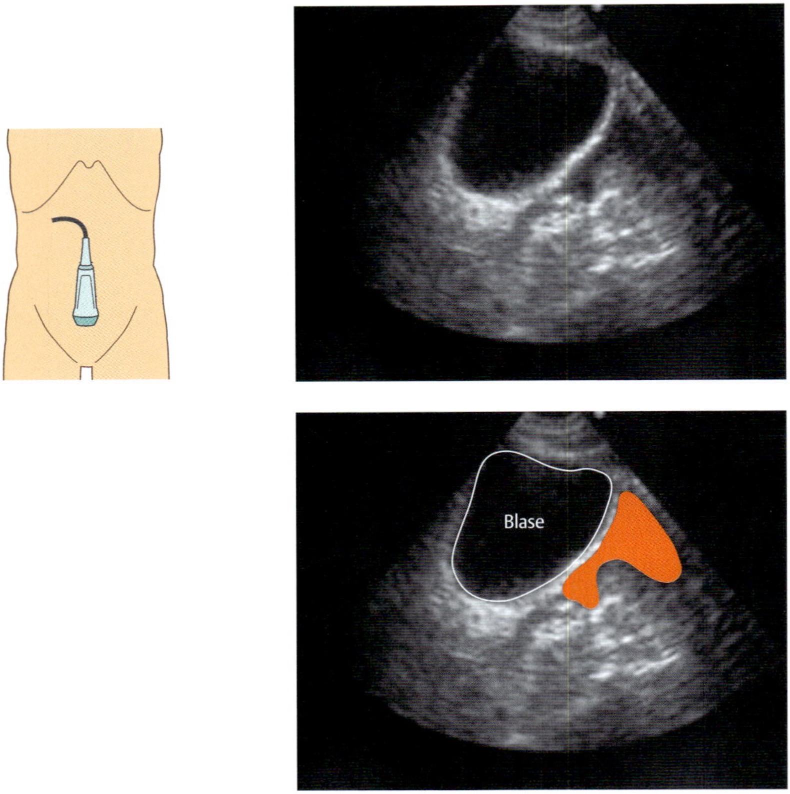

Abb. 4.**13** Freie Flüssigkeit im Douglasraum; gut zu erkennen ist die volle Harnblase.

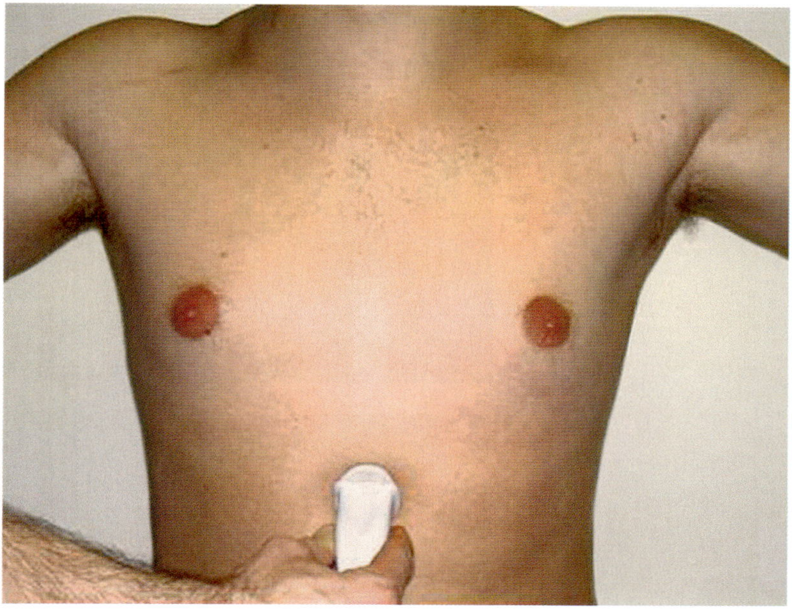

Abb. 4.**14** Schallkopfposition zur Inspektion von Herz – Oberbauch.

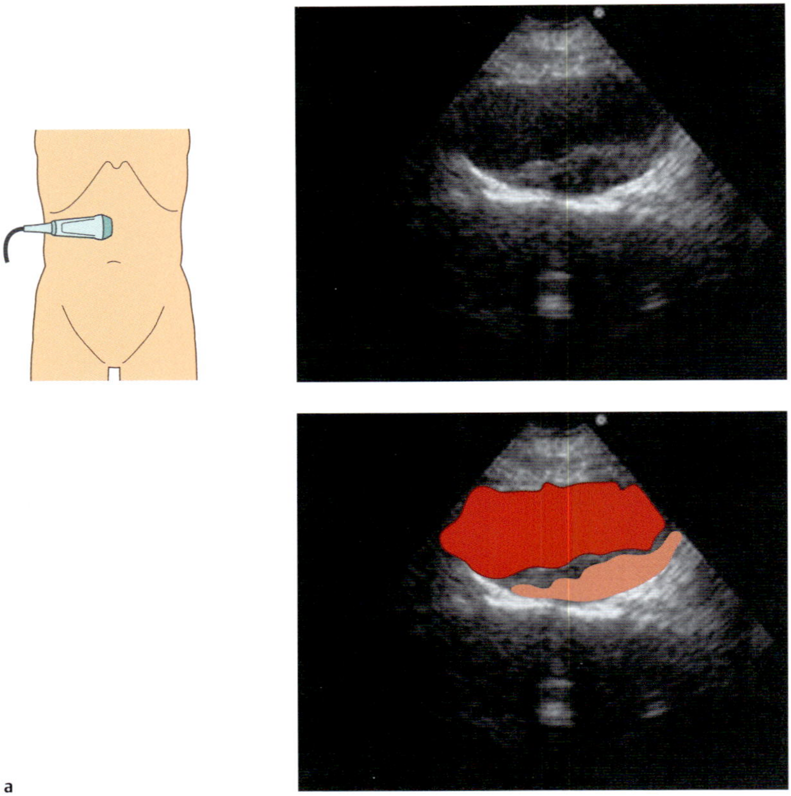

a

Abb. 4.**15a** u. **b** Gedeckt rupturiertes abdominelles Aortenaneurysma:
a In Längsdarstellung.

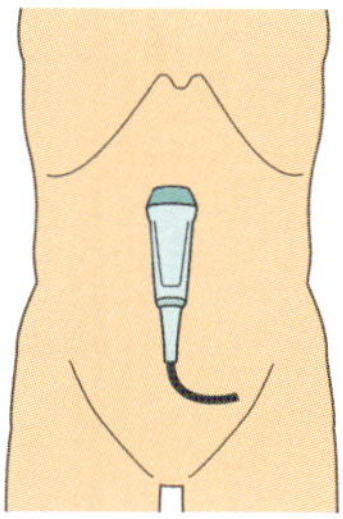

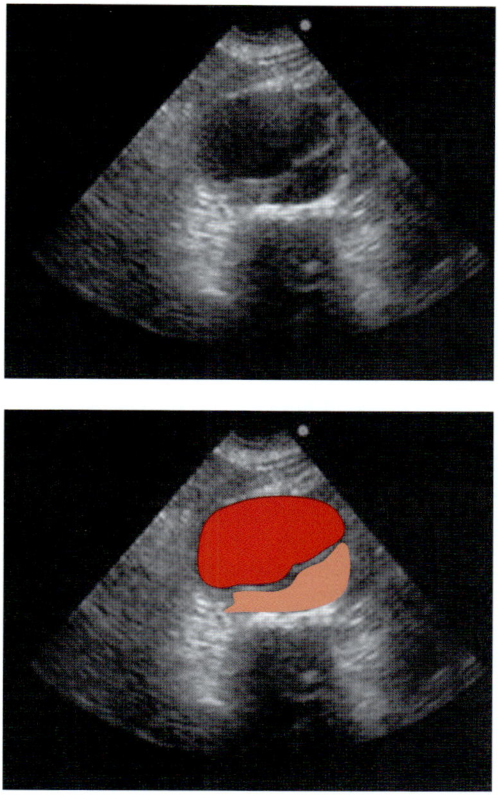

b

b In Querdarstellung.

4.2 Ultraschalluntersuchung des Thorax

Die sonografische Untersuchung des Brustkorbes ist eine vergleichsweise neue Anwendungsmöglichkeit. Zwar wird die Nutzung des Ultraschalls am Thorax durch die knöchernen Strukturen limitiert, bei richtiger Einstellung lassen sich aber zahlreiche Erkenntnisse gewinnen, die bei klinischen Notfällen unverzichtbar sind. Die Heterogenität der anatomischen Strukturen im Brustkorb spiegelt sich in der Vielzahl der diversen sonografischen Befunde wider. Neben der Verwendung des Ultraschalls zu rein deskriptiven Zwecken werden auch ultraschallgeführte Verfahren am Brustkorb beschrieben.

Identifikation

Für die Anwendung des Ultraschalls zur Inspektion des Thorax sind Konvexscanner mit einer Einstellung von 2 bis 5 MHz von Vorteil. Für speziellere Fragestellungen, insbesondere für oberflächennahe Befunde, kann auf einen linearen Schallkopf zurückgegriffen werden. Die Atemexkursionen beeinträchtigen die sonografischen Befunde erheblich. Falls eine Kooperation seitens des Patienten möglich ist, kann dieser Faktor durch entsprechende Atemkommandos beeinflusst werden.

- **Brustwand:** Die Brustwand stellt eine Mischung aus hyper- und hypoechogenen Einheiten dar, die den Faszien und Muskelschichten entsprechen. Die unmittelbar darunter liegenden Rippen sind bei Querdarstellung als gekrümmte Strukturen zu erkennen, die durch die dahinter in Erscheinung tretenden Schallschatten auffallen.
- **Pleura:** Die Pleura kann sowohl mit dem Konvexscanner als auch mit dem linearen Schallkopf sonografisch inspiziert werden. Dabei lässt sich die Pleura visceralis von der Pleura parietalis unterscheiden. Die Bedeutung der sonografischen Darstellung der Pleura für den klinischen Alltag des Anästhesisten und Intensivmediziners ist eher marginal. Gelegentlich können Veränderungen an der Pleura im Rahmen von Pleuritiden oder fibrotischen Erkrankungen gesichtet werden.
- **Lungenparenchym:** Normalerweise wird durch die Luftbarriere die Weiterleitung der Schallwellen nahezu komplett verhindert. Pleuranah kann ein atemsynchrones Gleiten detektiert werden. Häufig zeigen sich Artefakte in Form von Kometenschweifen, die durch kleine lufthaltige Areale hervorgerufen werden. Veränderungen des Lungengewebes und Abszedierungen ähneln in ihrer Echotextur der des Lebergewebes.
- **Erguss:** Der Nachweis von Flüssigkeit im Thorax – unabhängig von der Genese – ist eine der Hauptanwendungen der Sonografie bei der Begutachtung des Brustkorbes (Abb. 4.**16**). Schon ab 5–10 ml sind Pleuraergüsse sonografisch erkennbar! Die jeweiligen Flüssigkeitsansammlungen sind relativ leicht zu detektieren und imponieren meist als hypoechogene

Zonen, in denen sich die einzelnen Lungenabschnitte atemsynchron (pulssynchron) bewegen (Abb. 4.**17**, 4.**18** u. 4.**19**). Die Volumenbestimmung der Ergüsse ist meist nur beim sitzenden Patienten möglich. Für anästhesiologische/intensivmedizinische Zwecke genügt meist eine grobe Abschätzung (geringer – mittlerer – ausgedehnter Erguss).

- **Pneumothorax:** Die Diagnose eines Pneumothorax wird in der Regel bei der Röntgenuntersuchung gestellt. Einige wenige Autoren weisen auf die Möglichkeit der Identifikation des Pneumothorax mit Hilfe des Ultraschalls hin. Die wichtigsten Zeichen dafür sind fehlendes atemsynchrones „Lungengleiten", Verbreiterung des Pleuraspaltes und fehlende so genannte „Kometenschweif"-Artefakte.
- **Rippenfrakturen:** Rippen führen zur kompletten Schallauslöschung und behindern daher die Sonografie im Thoraxbereich. Einige Autoren geben an, Rippenfrakturen via Ultraschall detektieren zu können. Inwieweit diese Verfahrensweise für den klinischen Routinebetrieb von Bedeutung ist, lässt sich derzeit noch nicht absehen.
- **Herz:** Die Untersuchung des Brustkorbs beinhaltet naturgemäß auch die Inspektion des Herzens. Zur kardiologischen Untersuchung – sei es transthorakal oder transösophageal – sei hier auf die Fachliteratur verwiesen. Gravierende Befunde, wie z. B. hämodynamisch wirksame Perikardergüsse, sind jedoch sicherlich leicht zu erkennen (Abb. **20**).

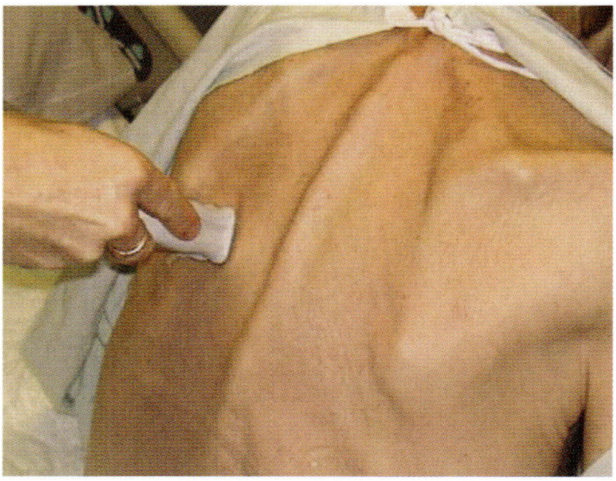

Abb. 4.**16** Position des Schallkopfes bei sitzendem Patienten zur sonografischen Begutachtung eines Ergusses.

Punktion

Grundsätzlich lassen sich bei nahezu allen Fragestellungen ultraschallgestützte Punktionen durchführen. Eine Vielzahl von Studien hat die hohe Trefferquote und die geringe Komplikationsrate der ultraschallgeführten Lungenpunktion belegt. Für rein anästhesiologisch/intensivmedizinische Zwecke haben sich sonografische „real-time"-Interventionen noch nicht etabliert.

Literatur

1. Betsch B, Hansmann J, Berndt R, Richter G, Kauffmann GW. Diagnostik pulmonaler Erkrankungen mit transthorakaler Sonographie. Radiologe 1998;38:364-369.
2. Blaivas M, Lyon M, Duggal S. A prospecitve comparison of supine chest radiography and bedside ultrasound for the diagnosis of traumatic pneumothorax. Acad Emerg Med 2005;12:844-849.
3. Gerscovic EO, Cronan M, McGahan JP, Jain K, Jones D, McDonald C. Ultrasonographic evaluation of diaphragmatic motion. J Ultrasound Med 2001;20:597-604.
4. Hurley ME, Keye GD, Hamilton S. Is ultrasound really helpful in the detection of rib fractures? Injury 2004;35:562-566.
5. Jaffer U, McAuley D. Best evidence topic report. Transthoracic ultrasonography to diagnose pneumothorax in trauma. Emerg Med 2005;22:504-505.
6. Koh DM, Burke S, Davies N, Padley SPG. Transthoracic ultrasound of the chest: clinical uses and applications. Radiographics 2002;22:1.
7. Lolge SJ, Morani AC, Chaubal NG, Khopkar US. Sonographically guided nerve bipsy. J Ultrasound Med 2005;24:1427-1430.
8. Riccabona M. Thoraxsonographie im Neugeborenen- und Kindesalter. Radiologe 2003;43:1075-1089.
9. Roch A, Bojan M, Michelet P, Romain F, Bregeon F, Papazian L, Auffray JP. Usefulness of ultrasonography in predicting pleural effusions > 500 ml in patients receiving mechanical ventilation. Chest 2005;127:224-232.
10. Wüstner A, Gehmacher O, Hämmerle S, Schenkenbach C, Häfele H, Mathis G. Ultraschalldiagnostik beim stumpfen Thoraxtrauma. Ultraschall Med 2005;26:285-290.

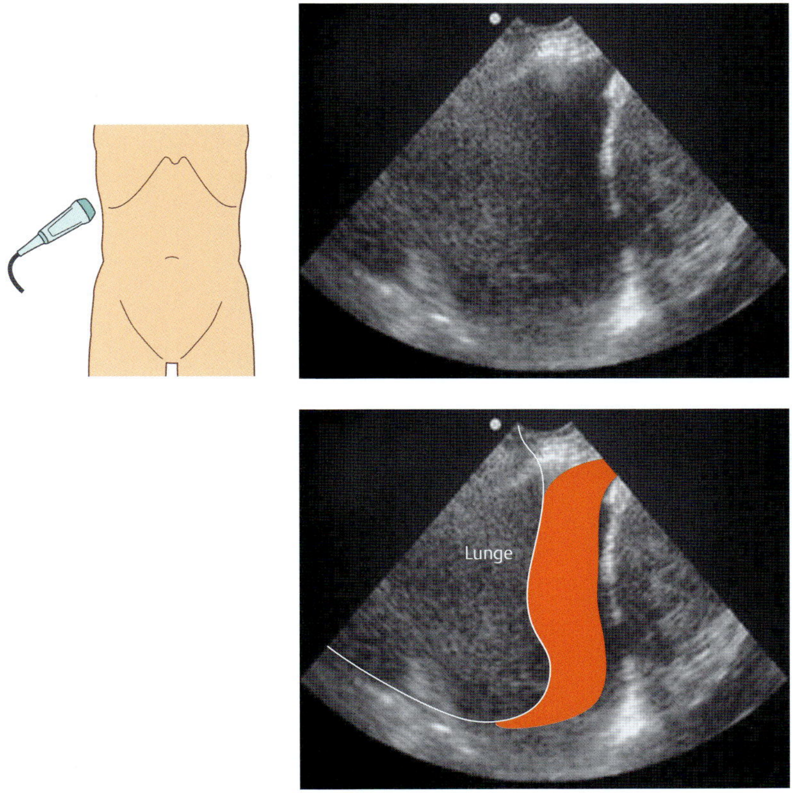

Abb. 4.**17** Kleiner Erguss rechts thorakal.

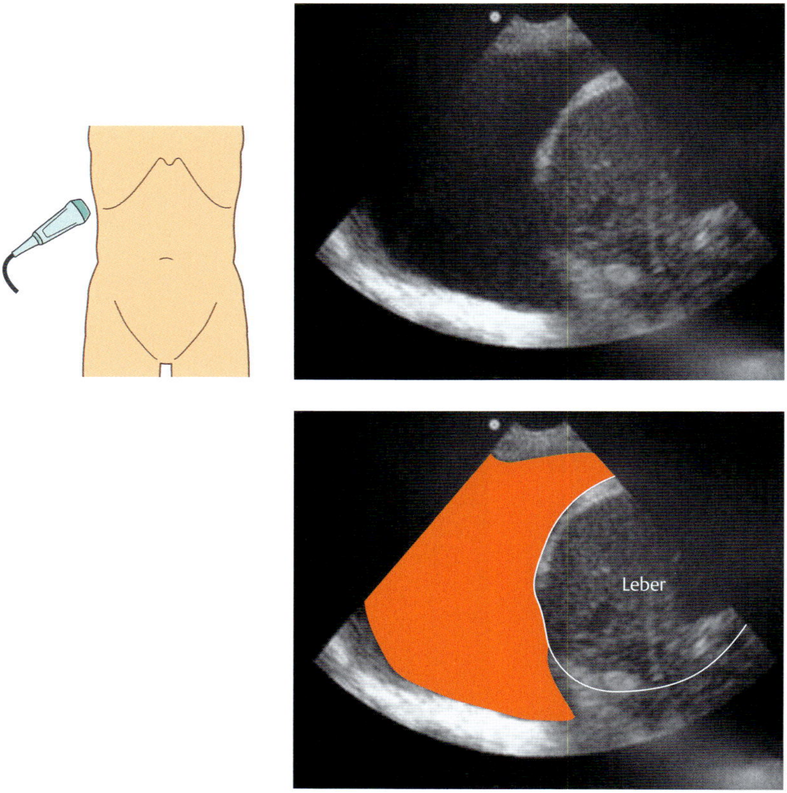

Abb. 4.**18** Großer Erguss rechts thorakal

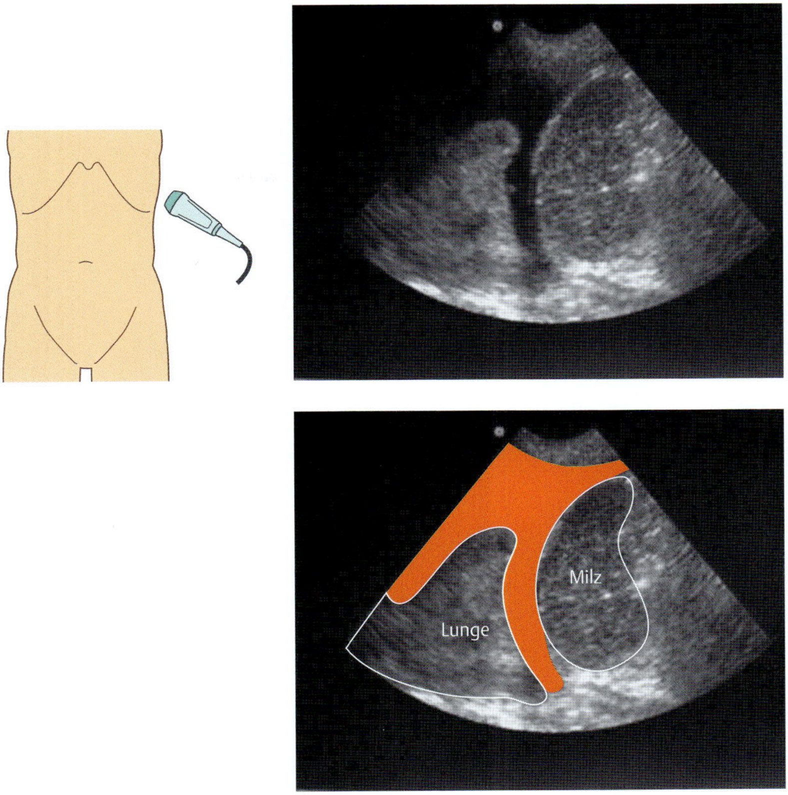

Abb. 4.**19** Erguss links thorakal.

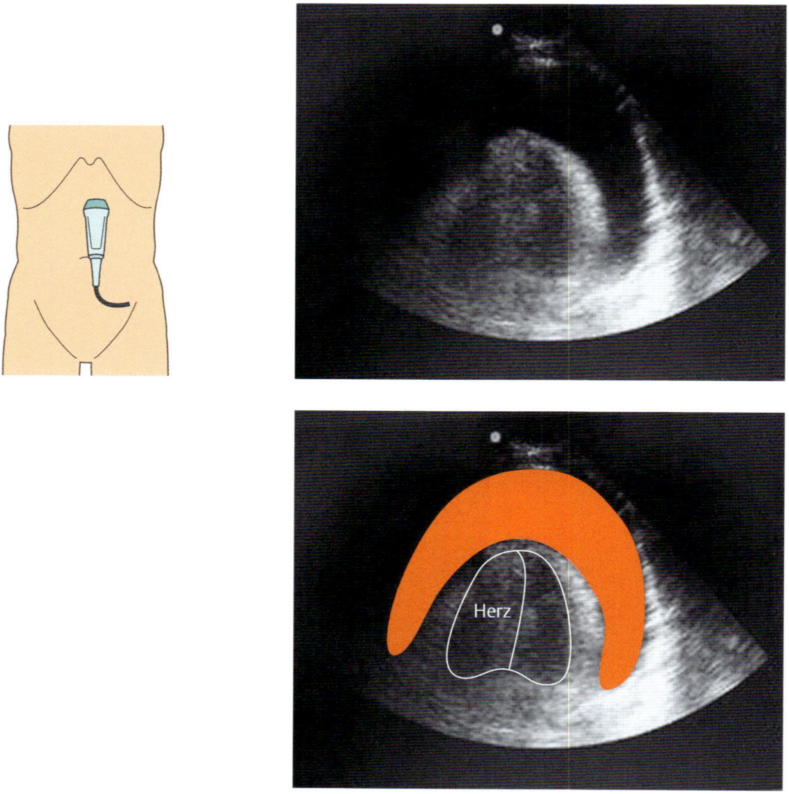

Abb. 4.**20** Großer, hämodynamisch wirksamer Perikarderguss (>1,2 l).

4.3 Ultraschalluntersuchung vor Tracheotomie

Die Tracheotomie ist eine gängige und häufig praktizierte Verfahrensweise in der Intensivmedizin. Die Indikationen hierfür sind lange Beatmungszeiten, verbesserter Patientenkomfort, akute Obstruktion der Atemwege unterschiedlicher Genese, Erleichterung pflegerischer Maßnahmen und Reduktion des Bedarfs an Analgosedierung. Neben der operativen Tracheotomie wird im klinischen Alltag zunehmend die perkutane Dilatationstracheotomie durchgeführt. Hierfür werden verschiedene Techniken beschrieben, die nach korrekter Lagerung, Sedierung und Relaxierung des Patienten eine sichere Identifikation und Punktion der jeweiligen Halsstrukturen unter Anwendung endoskopischer Hilfsmittel beinhalten. Als Komplikationen werden neben technischen Problemen, Tracheaverletzungen, Entwicklung von Pneumothorax und Emphysem hauptsächlich Blutungen beobachtet, die durch atypisch verlaufende und unerkannte Gefäße bedingt sind. Daher stellen die Identifikation der Trachea und des korrekten Punktionsortes sowie das Auffinden von Gefäßen, die bei der Punktion von Nachteil sein könnten, eine wichtige Einsatzmöglichkeit für die Sonografie vor einer Dilatationstracheotomie dar.

Identifikation

Sonografisch lassen sich im Halsbereich Strukturen wie Trachea und Schilddrüse darstellen. In der Regel ist hierfür ein Linearschallkopf ausreichend. Weiterhin kann die exakte Höhe der Punktionsstelle mit Hilfe des Ultraschalls ausgemacht werden, um insbesondere Schäden des Ringknorpels zu vermeiden. Ebenso kann vor der Punktion nach Gefäßen gesucht werden, die den Punktionsort kreuzen. Eine sonografische Untersuchung in zwei Ebenen erscheint hierfür sinnvoll (Abb. 4.**21 a, b,** Abb. 4.**22**).

Punktion

Eine ultraschallgeführte Punktion zur Dilatationstracheotomie ist theoretisch möglich, ist aber in den meisten Fällen aufgrund der direkten Kontrolle mit dem Bronchoskop nicht nötig.

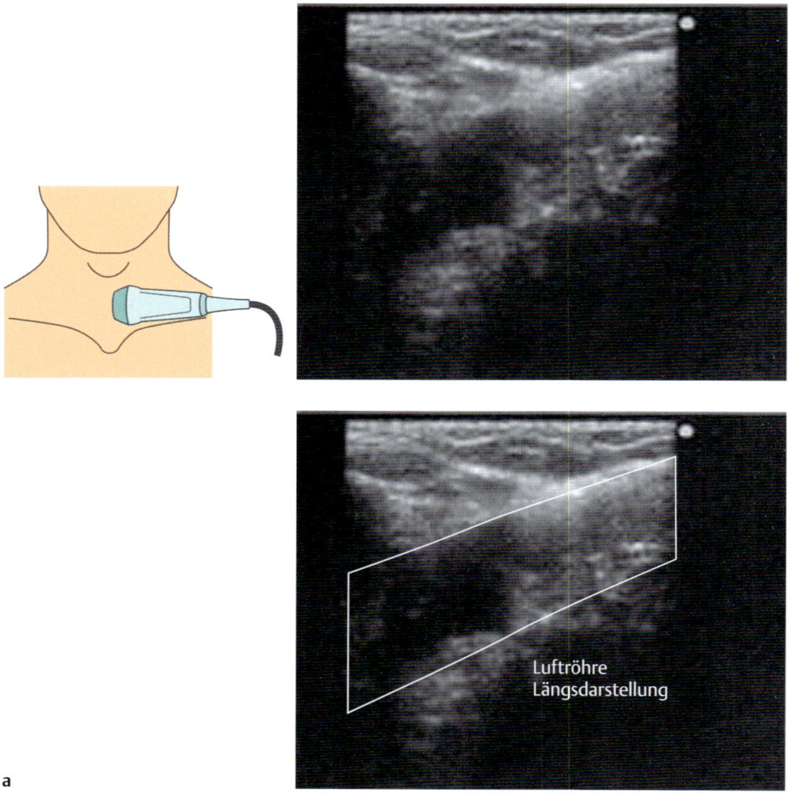

a

Abb. 4.**21 a** u. **b** Sonografische Darstellung der Trachea in 2 Ebenen:
a Längsdarstellung.

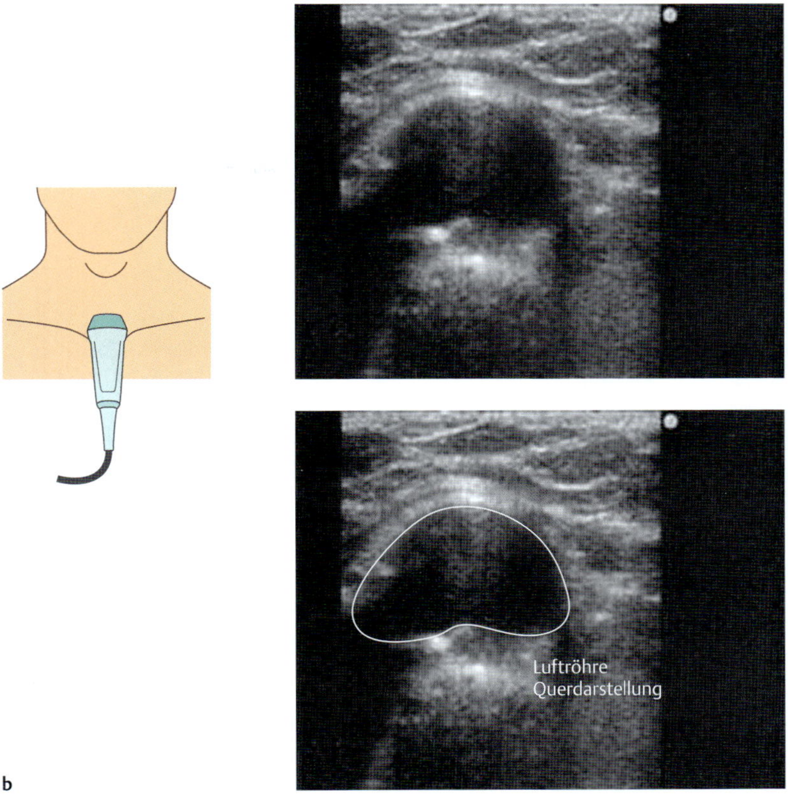

b

b Querdarstellung.

Literatur

1. Andreassen AH, Ellingsen I, Nesje LB, Gravdal K, Odegaard S. 3-D endobronchial ultrasonography-a post mortem study. Ultrasound Med Biol 2005;31:473-476.
2. Bonde J, Norgaard N, Antonsen K, Faber T. Implementation of percutaneous dilation tracheotomy-value of preincisional ultrasonic examination? Acta Anaesthesiol Scand 1999;43:163-136.
3. Fritscher-Ravens A, Sriram PV, Pothman WP, Fullekrug B, Jackle S, Thonke F, Soehendra N. Bedside endosonography and endosonography-guided fine-needle aspiration in critically ill patients: a way out of the deadlock? Endoscopy 2000;32:425-427.
4. Gründling M, Quintel M. Perkutane Dilatationstracheotomie. Indikationen – Techniken – Komplikationen. Anaesthesist 2005;54:929-944.
5. Hatfield A, Bodenham A. Portable ultrasonic scanning of the anterior neck before percutaneous dilatational tracheostomy. Anaesthesia 1999;54:660-663.
6. McCormick B, Manara AR. Mortality from percutaneous dilatational tracheostomy. A report of three cases. Anaesthesia 2005;60:490-495.
7. Sustic A, Kovac D, Zgaljardic Z, Zpan Z, Krstulovic B. Ultrasound-guided percutaneous dilatational tracheotomy a safe method to avoid cranial misplacement of the tracheostomy tube. Intensive Care Med 2000;26:1379-1381.

4.4 Präklinische/notfallmäßige Sonografie beim Polytrauma

Ein Großteil aller Todesfälle nach einem Unfall ist bedingt durch abdominelle und thorakale Blutungen mit schweren Beckenverletzungen. Die rasch durchgeführte Sonografie des Abdomens in der präklinischen und/oder frühen klinischen Phase hat einen viel diskutierten Stellenwert. Viele Autoren propagieren die Anwendung des Ultraschalls in der präklinischen Phase zur Optimierung und Beschleunigung des Trauma-Managements. Ebenso kann in der frühen klinischen Phase – teilweise vor der Computertomografie von Abdomen und Thorax – der Ultraschall wegweisende Informationen geben, welche die darauf folgenden Entscheidungen erheblich beeinflussen können.

In vielen Publikationen wird ein Untersuchungsablauf empfohlen, der sich bereits erfolgreich etabliert hat. Dabei werden nach einer definierten Vorgehensweise die einzelnen thorakalen/abdominellen Abschnitte nach **FAST** (**F**ocused **A**bdominal **S**onographie for **T**rauma, Abb. 4.**22**) sonografisch untersucht. Wahlweise kann durch eine ergänzende transösphageale Echokardiographie auch eine grobe kardiologische Abklärung erfolgen.

Es bietet sich an, die einzelnen Schritte dieses ultraschallgestützten Vorgehens regelmäßig zu üben und ihre Reihenfolge nach einem bestimmten Schema festzulegen. Eine Möglichkeit dazu ist folgende Vorgehensweise:

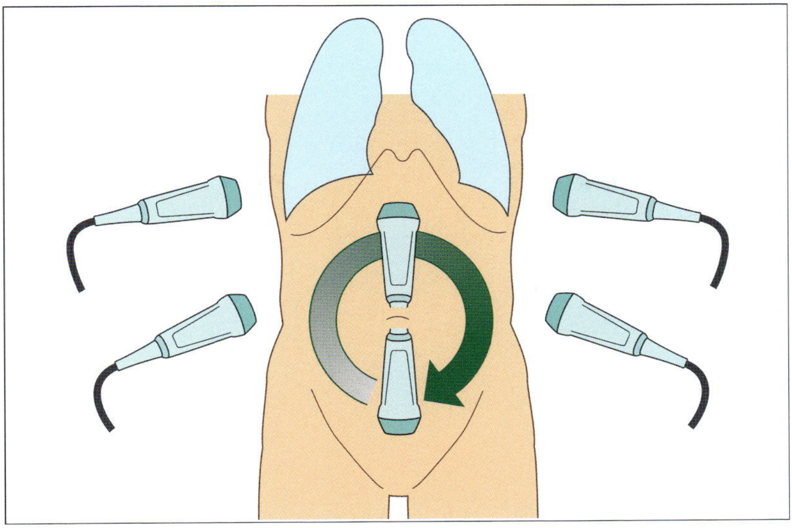

Abb. 4.**22** Möglicher Untersuchungsgang bei notfallmäßiger sonografischer Abklärung nach dem FAST-Konzept (Einzelheiten im Text).

Schallort	**Organe**	**Befunde**
Rechts thorakal	Lunge, Leber, Diaphragma	Hämatothorax Erguss,
Rechter Oberbauch	Leber, Niere	Freie Flüssigkeit
Links thorakal	Lunge, Milz, Diaphragma	Hämatothorax, Erguss
Linker Oberbauch	Milz, Niere links	Freie Flüssigkeit
Unterbauch	Harnblase	Freie Flüssigkeit
Herz transthorakal	Herz	Perikarderguss, Volumenmangel, kardiogener Schock

Wichtig dabei ist, dass die ultraschallgestützte Untersuchung keine parallel durchgeführte und weitere diagnostische und/oder therapeutische Maßnahme behindern bzw. unnötig verzögern darf. Dies erfordert wiederum einen regelmäßigen Umgang und das stete Praktizieren und Anwenden der Sonografie.

Literatur

1. Brooks A, Davies B, Connolly J. Prospective evaluation of handheld ultrasound in the diagnosis of blunt abdominal trauma. J R Army Med Corps 2000;148:19-21.
2. Schlotterbeck K, Fraunhofer J, Hübner H, Moshage W. Einsatz eines tragbaren Echokardiographiegerätes bei Notfallpatienten. Intensivmed 2003;40:124-129.
3. Walcher F. Präklinische Sonographie. Notfall- und Rettungsmedizin 2003;6:476-488.
4. Walcher F, Kortüm S, Kirschning T, Weihgold N, Marzi I. Optimierung des Traumamanagements durch präklinische Sonographie. Unfallchirurg 2002;105:986-994.

5 Ausbildungskonzept für die Anwendung der Sonografie in der Anästhesiologie und Intensivmedizin

Die Vielfalt von Anwendungsmöglichkeiten und Befunden der Ultraschalluntersuchung in der Anästhesiologie und Intensivmedizin erscheint anfangs ziemlich verwirrend und sehr komplex. Neben den wenigen theoretischen Vorkenntnissen, die für das Arbeiten mit dem Ultraschall notwendig und leicht zu erwerben sind, sollte das praktische Erlernen und Einüben der Sonografie sehr strukturiert in aufeinander aufbauenden Schritten erfolgen (Abb. 5.**1**).

Auch in der Literatur wird empfohlen, die verschiedenen ultraschallgestützten Anwendungen – nach ausführlicher Auseinandersetzung mit der Technik und den besonderen Gegebenheiten des Ultraschallgerätes – mehrere Male unter Anleitung zu praktizieren. An erster Stelle sollte dabei die sonografisch geführte Befunderhebung stehen, zumal dadurch die korrekte Führung des Schallkopfes eingeübt werden kann (Abb. 5.**2**). Für den Anästhesisten und Intensivmediziner bietet sich als „Einstieg" die sonografische Inspektion großer Gefäße an, beispielsweise die V. jugularis interna.

Nach einer Übungsphase, in der vornehmlich die sichere Zuordnung der anatomischen Strukturen und die Befunderhebung eingeübt wurden, sind die Voraussetzungen für das Erlernen der ultraschallkontrollierten Punktion gegeben. Dabei wird die simultane sonografische Befunderhebung in Kombination mit der ultraschallgesteuerten Führung einer Punktionsnadel eintrainiert (Abb. 5.**3**). Der Schwerpunkt liegt hierbei in der „Zweihand-Koordination". Auch hier bietet sich die V. jugularis interna als geeignetes „Übungsgefäß" für die Anlage von zentralvenösen Kathetern an.

Die durch regelmäßiges Üben erworbenen manuellen Fertigkeiten erleichtern im weiteren Verlauf der Weiterbildung die ultraschallkontrollierte Blockade peripherer Nerven, bei der neben der korrekten Befunderhebung mittels Ultraschall und der sicheren sonografisch gestützten Nadelführung auch eine korrekte Applikation von Lokalanästhetika am richtigen Ort erforderlich ist (Abb. 5.**4** u. 5.**5**). In dieser Ausbildungsphase sind die Beobachtung und Verfolgung der Veränderungen während der Manipulationen und Injektionen von elementarer Bedeutung. Aufgrund der großen Variationsmöglichkeiten der Nervendarstellung eignet sich nicht jede ultraschallgestützte Regionalanästhesie zum Einstieg in diesem Bereich. Eigene Erfahrungen haben gezeigt, dass die Blockade des N. ischiadicus in der Regio poplitea wegen der einfachen sonografischen Darstellung des Nervs an dieser Stelle ein ideales „Einstiegsportal" zur ultraschallgestützten Regionalanästhesiologie darstellt.

Die Abdomensonografie und die transthorakale Echokardiografie müssen gesondert eingeübt und erlernt werden. Hierfür wird eine Reihe von Lernprogrammen und Workshops angeboten. Die oben beschriebenen Fertigkeiten dienen auch hierbei als Grundlage, denn sie erleichtern das Arbeiten mit dem Ultraschall und verbessern das Verständnis bei den Befunderhebungen sowie das Vorstellungsvermögen. Grundkenntnisse der Abdomensonografie und Echokardiografie sind auch im Rahmen der Anästhesiologie und Intensivmedizin hilfreich, so dass es sich lohnt, sich nach der ultra-

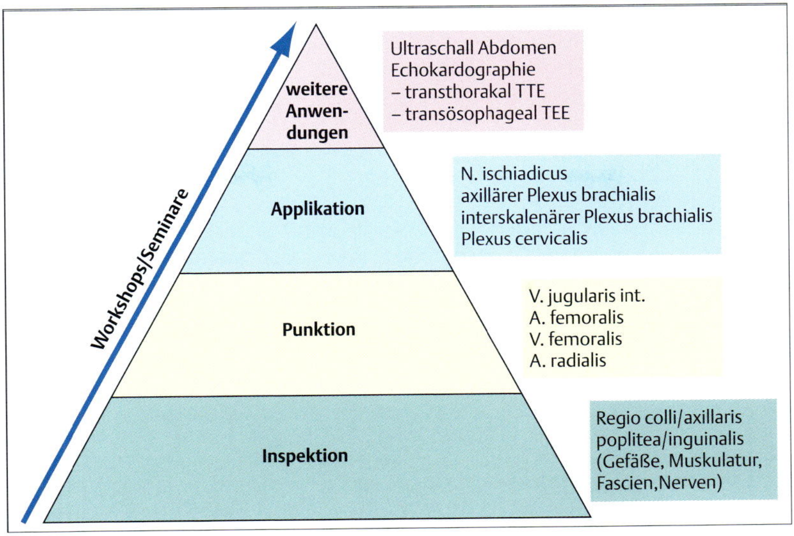

Abb. 5.**1** L.U.C.I.A.: Ludwigsburger Ultraschall Certifikationsmodell für Interventionelle Prozesse in der Anästhesie und Intensivmedizin. Dieses Ausbildungskonzept zur Anwendung des Ultraschalls in der Anästhesiologie und Intensivmedizin beinhaltet als erstes die Vermittlung der Grundlagen der Sonografie sowie das Einüben der korrekten sonografischen Befunderhebung und Interpretation der Ultraschallbilder. Im Anschluss empfiehlt es sich, die ultraschallgesteuerte Punktion bei der Anlage von 20 bis 50 zentralvenöser Katheter einzutrainieren. Darauf aufbauend folgt als nächste Lerneinheit die ultraschallgesteuerte Blockade peripherer Nerven. Im weiteren Verlauf kann die spezifische Ausbildung ergänzt werden durch die Abdomen- und Thoraxsonografie.

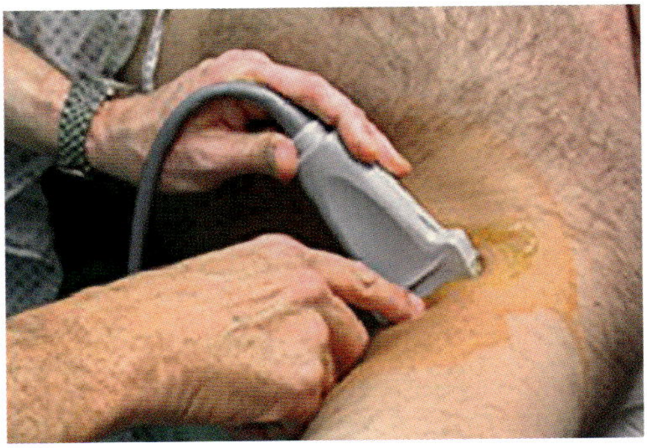

Abb. 5.**2** Beim Erlernen der ultraschallgestützten Befunderhebung wird als erstes die korrekte Führung des Schallkopfes eingeübt.

schallgestützten Gefäßpunktion und der sonografisch gesteuerten Blockade peripherer Nerven auch mit diesen Verfahren zu beschäftigen.

Zusammenfassend kann gesagt werden, dass eine strukturierte Vorgehensweise zum Erwerb der anästhesiologisch-spezifischen ultraschallgeführten Prozeduren folgende Schritte beinhalten sollte:

- sonografische Darstellung anatomischer Strukturen, wie Nerven, Gefäße und Muskeln
- Koordination von Schallkopf und Kanüle unter sicherer Bildgebung
- Ultraschall-kontrollierte Applikation von Lokalanästhetika bei sicherer Nadelführung und korrekter Bildgebung

Literatur

1. Al-Sohaibani M, Lawrence L, Tsui BC. Learning curve for ultrasound guided regional anesthesia. Can J Anesth 2005;52:A41.
2. Sites BD, Gallagher JD, Cravero J, Lundberg J, Blike G. The learning curve associated with a simulated ultrasound-guided interventional task by inexperienced anesthesia residents. Reg Aesth Pain Med 2004, 29:29:544-548
3. Xu D, Chan VWS. Ultrasound phantom to hands-on practice. Reg Anesth Pain Med 2005, 30:593-594

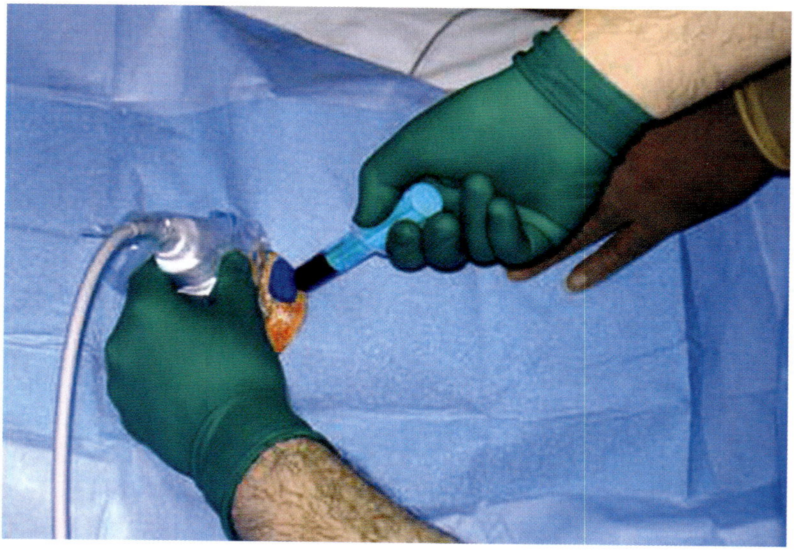

Abb. 5.**3** Anleitung zur ultraschallgesteuerten Gefäßpunktion zur Anlage eines zentralvenösen Zuganges.

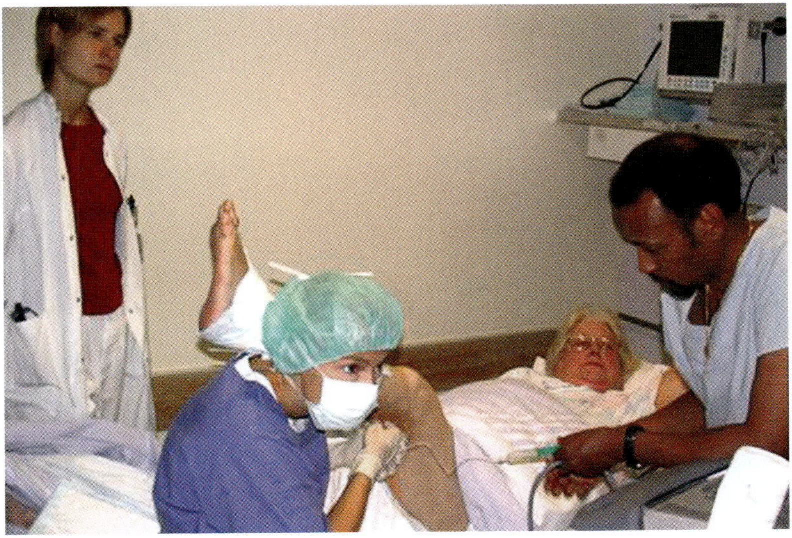

Abb. 5.**4** Demonstration der ultraschallgesteuerten peripheren Nervenblockade.

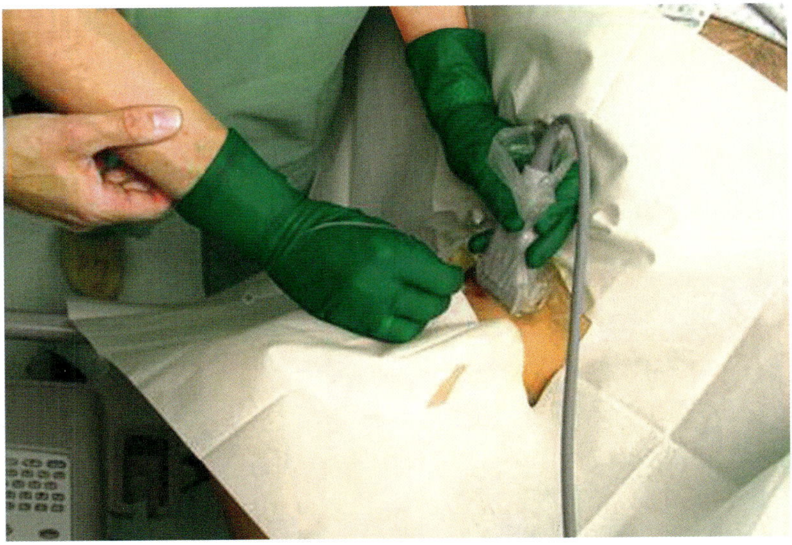

Abb. 5.**5** Neben der sicheren sonografisch gestützten Nadelführung muss auch die korrekte Applikation von Lokalanästhetika eingeübt werden.

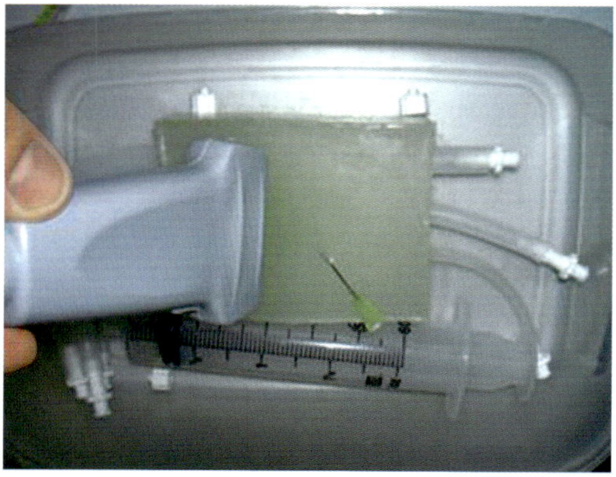

Abb. 5.**6** Kunststoff-Präparat mit integrierten Schläuchen als Phantom zur Übung Ultraschall-gesteuerten Prozeduren.

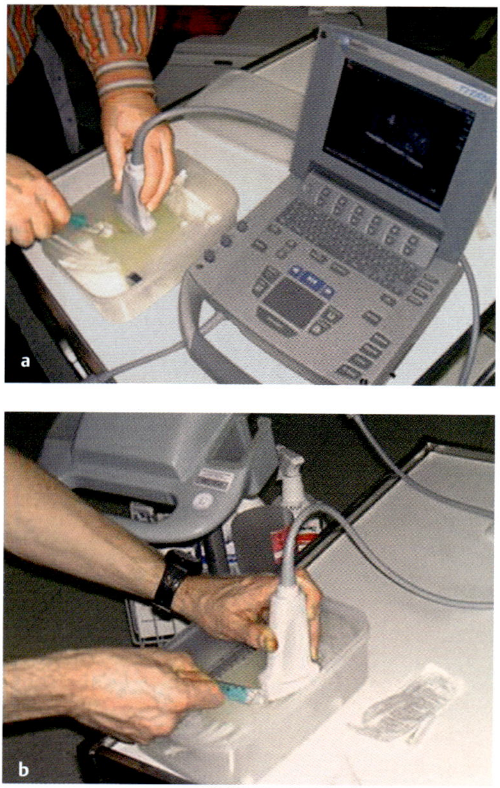

Abb. 5.**7 a** u. **b** Beispiel einer Übung von Ultraschall-gesteuerten Punktionen am Phantom zur (oben) und in (unten) der Schallebene im Rahmen eines Workshops.

Sachverzeichnis

N

O

P

R

S

T

U

V

Z